LE
SYSTÈME DU MONDE,

QUESTION DE LONGITUDE
SUR MER

SOUMISE AUX ACADÉMIES SAVANTES DE L'EUROPE

DES PHÉNOMÈNES
DE L'AIGUILLE AIMANTÉE,

SOLUTION DE LA QUESTION DE LONGITUDE SUR MER

PAR DEMONVILLE

Un volume in-8° avec planches ... 5 fr.

PARIS,
CHEZ L'AUTEUR

Question

DE

LONGITUDE SUR MER.

À Monsieur Van Praet

hommage de l'Auteur

IMPRIMERIE DE BACQUENOIS ET APPERT,
rue Christine, n° 2.

Question

DE

LONGITUDE SUR MER,

SOUMISE

Aux Académies savantes

DE L'EUROPE,

PAR DEMONVILLE.

DEUXIÈME TIRAGE,

AVEC CORRECTIONS IMPORTANTES.

PARIS,

CHEZ L'AUTEUR,

RUE DE L'ÉPERON SAINT-ANDRÉ, N° 9.

1833.

Au Souverain Pontife

GRÉGOIRE XVI.

Très-Saint-Père,

C'est au digne vicaire de Jésus-Christ que je dois le premier hommage d'un travail fondé sur la foi, et dont le mérite est essentiellement dans la foi qui l'a enfanté. Qu'elle est vraie cette parole : frappez et l'on vous ouvrira. Une constitution du système du monde contraire à la révélation m'a toujours paru fausse ; et la Genèse à la main, sans études approfondies des sciences mathématiques, j'ai trouvé en peu de temps, ce que l'on a cherché avec fatigue et persévérance pendant nombre de siècles.

Très-Saint-Père, ma présomption me paraît presque méritoire en cette occasion, parce que je n'avance aucun théorême qui ne soit appuyé du texte de l'Ecriture Sainte. Eh ! sans cette entière conviction que les principes posés dans mon opuscule sont le vrai développement de la parole de Dieu, oserais-je le publier sous les auspices du représentant de Dieu sur la terre ; du Souverain Pontife, dont le monde savant proclame l'étendue des connaissances, autant que la chrétienté admire ses vertus apostoliques.

Mais tout exactement vrai que soit mon système, Très-Saint-Père, il n'en exige pas moins le soutien efficace de l'autorité de Votre Nom. Rien de plus difficile que de déraciner une erreur accréditée depuis longtemps, et dans laquelle on cherche à se complaire par une fausse humilité, et peut-être par un sentiment moins excusable encore. Un de nos plus illustres Savans, M. de Laplace, n'a-t-il pas dit : « Si la terre es-

« immobile au milieu de l'univers , l'homme
« a le droit de se regarder comme 'le
« principal objet des soins de la nature;
« toutes les opinions fondées sur cette préro-
« gative méritent son examen; il peut raison-
« nablement chercher à découvrir les rap-
« ports que les astres ont avec sa destinée;
« mais si la terre n'est qu'une des planètes
« qui circulent autour du soleil, cette terre
« déjà si petite dans le système solaire dispa-
« rait entièrement dans l'immensité des cieux,
« dont ce système, tout vaste qu'il nous
« semble , n'est qu'une partie insensible. »

Très-Saint-Père, il s'agit donc dans l'opuscule que je place sous la protection de Votre Sainteté, d'une vérité du plus haut intérêt pour la foi, par le rang qu'elle assigne
au globe que nous habitons, par les preuves
multipliées, qui s'en déduisent, que Dieu a
voulu tout faire pour cette petite terre, et
que le reste n'est véritablement créé que
pour elle; il s'agit d'une vérité que la cha-

rité chrétienne nous montre devenir chaque jour de la plus grande importance pour la majeure partie des hommes, parce qu'elle établit et prouve que le texte sacré est le seul trésor de toutes les vérités, et que les sciences humaines qui n'en découlent pas littéralement sont fausses et mensongères : c'est ce que le chanoine Muzarelli a très-bien développé dans son Traité de Métaphysique ; ce livre m'a été utile.

Permettez donc, Très-Saint-Père, que prosterné aux pieds de Votre Sainteté, je la supplie très-humblement d'accorder à mon travail tout l'appui de Votre Auguste Caractère, et à l'auteur Votre Bénédiction Paternelle et Apostolique.

Demonville.

AVANT-PROPOS.

A Monsieur le Ministre de la marine,

ET

A M. le Ministre des arts et du commerce.

Monsieur le Ministre,

J'ai l'honneur de vous adresser un MÉMOIRE SUR LE VRAI SYSTÈME DU MONDE (1), Mémoire dont il est de la plus

(1) Je viens de le publier. Il se vend rue de l'Éperon, n° 9, au prix de 2 fr., et avec le Mémoire explicatif des Phénomènes de l'Aiguille aimantée, 5 fr. Je m'occupe de le rendre complet par le résumé des diverses objections faites au système de Copernic, et par tous les développemens dont le mien est susceptible. Il formera 1 vol. in 8°, sous ce titre : ASTRONOMIE DES CHRÉTIENS, ou LE MONDE SELON L'ÉTAT ACTUEL DES SCIENCES ET LA RÉVÉLATION.

J'ai besoin d'être encouragé dans mon travail, et j'ouvre dès à présent une souscription à raison de 7 fr. 50 c. par exemplaire. N'ayant d'autre moyen de témoigner mes remercîmens à ceux qui m'auront aidé à faire triompher la vérité en cette occasion, je placerai en tête de l'ouvrage la liste de mes souscripteurs.

haute importance pour LA NAVIGATION d'examiner les bases : car si elles sont justes, elles
donnent le moyen *d'obtenir enfin l'exacte
longitude sur mer.* En effet, dans mon système, l'axe de l'équateur terrestre de l'est à
l'ouest restant immobile, les étoiles se trouvant au solstice d'hiver placées parallèlement
à cet équateur, l'oscillation des pôles sur
les méridiens austral et boréal étant périodiquement réglée, le soleil et la lune faisant
journellement, à des distances connues et
non idéales (1), le tour de la terre sur un
même plan, quelle perfection ne peut-on pas
donner aux tables lunaire et solaire; quel
précieux avantage pour le navigateur de fixer
avec exactitude la position des lieux où il
attérit !

L'intérêt sacré du commerce exige donc,
M. le Ministre, que l'Académie des Sciences
veuille bien prendre la peine de vérifier les
principes que je pose, et de vous faire connaître
le résultat de ses travaux à cet égard. Elle ne
peut raisonnablement prétendre que la ques-

(1) Je prouve que la distance du soleil à la terre est,
comparativement à celle de la lune, dans le rapport
de 6 à 1.

tion n'est plus douteuse pour personne (1),
car personne, au contraire, ne croira connaître
le vrai système du monde, tant que la cause
ne sera pas expliquée évidemment :

De l'inégalité des mois lunaires ;
Des éclipses de lune ;
De la périodicité du flux et reflux ;
Des courans de mer ;
Des flux atmosphériques ;
Des vents ;
Des vents alisés et des moussons ;
Des phénomènes de l'aiguille aimantée ;
De la précession des équinoxes ;
De la libration de la lune en latitude ;
De l'évection.

Or tout logicien sait que le système de
Copernic avec tous les commentaires possi-

_____

(1) Mon Mémoire a été soumis à l'Académie ; on me
l'a rendu avec cette apostille : « L'Académie décide que
« l'on ne fera point de rapport sur ce Mémoire, la ques-
« tion qu'il traite n'étant plus douteuse pour personne.»
Il est juste de dire qu'à cette époque mon Mémoire était
incomplet. Je n'avais pas fait entrevoir sa connexité avec
la question bien importante de la longitude sur mer ;
et j'y ai ajouté aussi plusieurs développemens, soutenus
de preuves mathématiques.

bles ne satisfait à rien de tout cela, et tout cela devient démontré dans le mien.

Personne ne croira connaître le vrai système du monde tant qu'il ne verra pas de réponse victorieuse aux objections de Flamsteed et de Richard Philipps sur l'impossibilité des révolutions elliptiques, à celles du physicien espagnol de Cazas sur l'impossibilité de la rotation de la terre relativement au niveau d'eau, au mouvement de l'atmosphère et à la chute des graves.

Or, toutes ces objections disparaissent par l'oscillation régulière et périodique des pôles de la terre, seul mouvement que je lui donne, oscillation constatée par Flamsteed, qui a vu itérativement l'étoile polaire en janvier et en juillet pendant dix années consécutives sous le même triangle isocèle : preuve évidente que relativement à l'étoile polaire ou au pôle boréal, le diamètre du déplacement de la terre n'a pu être autre que la base de ce même diamètre isocèle.

Personne ne croira fermement au système de Copernic, tant qu'on ne dira pas pourquoi. une différence de 5 degrés de latitude, c'est-à-dire 125 lieues, apporte un changement

notable de température sur la terre, la distance du soleil étant supposée à 34 millions
de lieues ; et comment il est possible que cet
astre soit plus rapproché de nous en hiver
où il nous gèle , que dans l'été où il nous
brûle : invraisemblance qui n'est pas mieux
couverte en physique , où l'on confond l'absence des rayons avec leur obliquité , qu'en
géométrie , où ne pensant qu'au diamètre
apparent du soleil, on oublie qu'alors par
rapport à lui la terre est comme une lentille ,
et n'a pas, par conséquent, une lieue de
terrain à lui offrir pour recevoir un millier
de lignes perpendiculaires contre une seule
oblique ; et où l'on ne veut pas voir, qu'attendu la masse énorme accordée au soleil ,
la terre sur tous ses points est englobée de
perpendicularité.

Comment donc se fait-il que cette question
douteuse pour tant de personnes ne le soit
plus pour l'Académie ? parce qu'on fait concorder les planètes récemment découvertes
avec le système établi ! Oui , certes, autant
vous découvrirez de ces fausses planètes, autant vous vous imaginerez trouver des preuves
de votre système , puisque simples illusions de

catoptrique, elles doivent de toute nécessité suivre les erres des astres dont elles sont les réflexions.

L'erreur serait peu de chose si elle n'avait forcé à milliarder les masses, les distances des globes réels et la vitesse de leurs révolutions : car vraies ou fausses, ces planètes, ces étoiles par leur marche et leur position reconnues, n'en servent pas moins à guider à peu près le voyageur sur l'immensité des mers. Ainsi, les travaux de l'astronomie ne sont pas perdus, et il n'est pas à craindre que le désappointement de voir relever ces heureuses erreurs empêche les illustres Savans qui y ont contribué, de juger avec impartialité un mémoire qui les signale. La difficulté consiste à obtenir leur attention sur un sujet qui ne fait plus doute pour eux, parce qu'ils savent nous signaler exactement les éclipses, et un peu la marche des comètes. Mais les Anciens, partant tous de points dissemblables, les Anciens avec leurs cercles déférens, avec leurs épicycles et avec de pareilles démonstrations de géométrie, prédisaient les éclipses, décrivaient exactement le cours du soleil et les positions des planètes : et ils croyaient avoir droit d'en conclure que le système de la nature était tel qu'ils l'avaient imaginé.

Espérons que l'Académie entendra les voix puissantes appelées à soutenir et faire valoir l'intérêt prépondérant du commerce et de la marine, au-dessus de toutes vaines considérations; et vous, M. le Ministre, vous ne voudrez point sans doute, pour l'honneur du nom français, que les autres villes savantes de l'Europe, auxquelles je me vois forcé de m'adresser, se prononcent les premières sur les questions ci-après, dont je vous prie de chercher à obtenir la solution.

J'ai l'honneur d'être, avec respect,

Monsieur le Ministre,

Votre très-humble et très-obéissant serviteur,

DEMONVILLE.

QUESTIONS.

Pourrait-on donner plus d'exactitude aux Tables lunaire et solaire, et fixer par conséquent avec plus de certitude la longitude sur mer, en admettant que les cieux ne sont pas sphériques, mais sur un plan droit parallèle à l'équateur terrestre au solstice de décembre; que l'axe de l'équateur de la terre de l'est à l'ouest reste immobile; que ses pôles s'inclinent périodiquement de 23° ½ pendant trois mois sur les méridiens boréal et austral, et que le soleil et la lune tournent journellement autour de ce globe sur le plan écliptique : ce qui, pour les apparences et les phénomènes, produit le même effet que dans le système de Copernic?

La marche journalière et régulière du soleil et de la lune *sur un même plan*, ne donne-t-elle pas un moyen plus court d'acquérir une longitude exacte et certaine, soit qu'on veuille la prendre par la distance vraie entre ces astres à un instant donné, soit qu'on veuille la déduire de l'heure vraie avec l'heure de leur lever et de leur coucher à un méridien quelconque?

Ne simplifierait-on pas la méthode de prendre les longitudes, si l'on adoptait pour méridien astronomique ou premier méridien, le cercle coupant le point supérieur de l'écliptique à la pointe de Californie; si l'on dressait d'Antarès à Aldébaran une première table des 180 étoiles qui, au solstice d'été où le ciel dans mon système est parallèle à l'équateur terrestre, répondent en ligne perpendiculaire aux 180° de cet équateur, à partir du méridien indiqué; si l'on faisait une deuxième table des lever et coucher du soleil et de la lune jour par jour à ce méridien (1).

_____

(1) Il serait bien à désirer que quelques amis sincères des sciences et du commerce voulussent consacrer une faible portion de leur fortune pour l'établissement d'un *nouveau Bureau des Longitudes*, et *la confection de ces tables*. En les comparant avec celles de la *Connaissance des Temps*, on saurait bientôt à quoi s'en tenir sur les deux systèmes. On trouverait sans peine des hommes capables de ce haut travail. Ce n'est pas un des moindres mérites des Savans français d'avoir su léguer et distribuer leurs vastes connaissances avec libéralité.

VRAI
SYSTÈME DU MONDE.

I.

Les firmamens ou cieux ne sont pas sphériques, mais par plans droits parallèles. Les astres, placés dans le firmament supérieur ou ciel, circulent sur un plan droit autour de l'étoile polaire. M. de la Place ne peut s'empêcher d'admettre la possibilité de ces révolutions.

« Mais les astres se présentant à nous de « la même manière, *soit que le ciel les en-* « *traîne autour de la terre supposée immo-* « *bile*, soit que la terre tourne en sens con- « traire sur elle-même, il paraît beaucoup « plus naturel d'admettre ce dernier mou- « vement, et de regarder celui du ciel comme « une apparence. »   (1)

Je ne veux pas dire par là que les astres ont une révolution diurne autour de l'étoile polaire, ce mouvement d'apparence est l'effet de l'inclinaison journalière des pôles de la terre et de la révolution du soleil et de la lune , je parle du mouvement circulaire progressif de chaque constellation du Zodiaque vers l'Orient, connu sous le nom de précession des équinoxes, évalué à 50″ par an , et à 26,000 ans pour la révolution complète(1).

N'est-il pas raisonnable d'accorder aux systèmes de corps célestes, qui ne doivent pas avoir de bornes, des plans parallèles, plutôt que de les renfermer dans des sphères qui sont nécessairement circonscrites? Un plan sphérique ne peut être admis avec les lois de l'attraction ; car le point central attire tous les points de la sphère ; et comme tous ces points , même poussés jusqu'à la circonférence, s'attirent entr'eux de la circonférence au centre, ils doivent tous tomber sur ce centre. Tout annonce donc que les corps doivent se mouvoir par orbites circulaires et *non elliptiques* (2) sur des plans

(1) *Fiant luminaria in firmamento cœli , et dividant diem ac noctem , et sint* IN SIGNA ET TEMPORA, *et dies et annos, ut luceant in firmamento cœli et illuminent terram.* (GENÈSE, I , 14 , 15.)

(2) « Il a fallu, dit l'anglais Richard Philipps rela-

parallèles. Aussi le seul mouvement vrai reconnu aux étoiles est une petite circonférence *parallèle* à l'écliptique ; l'inclinaison et l'as-

« tivement à l'ellipticité attribuée aux révolutions des
« planètes , combiner le pouvoir de l'attraction avec le
« *miracle continuel de la force projectile* : rien ne pa-
« rait plus impossible qu'une force qui agit d'une ma-
« nière égale contre une autre force qui varie à chaque
« instant sa ligne de direction, soit dans les différentes
« planètes, soit dans chaque planète et ses satellites,
« qui se trouvent sur des plans ou lignes différentes
« dans chaque partie de l'espace. Mais on crut que
« cette force tangentielle leur était imprimée dès la
« création lorsque ces corps furent lancés dans l'es-
« pace par la main de Dieu.

« Ici la difficulté n'est pas d'admettre la force tan-
« gentielle imprimée dès la création, puisqu'elle est
« réglée par la gravitation des corps entre eux. Mais
« le tour de force est dans l'orbite elliptique : car si la
« balance du pouvoir attractif se trouve dans un des
« rayons vecteurs de l'orbite, ce rayon ne doit jamais
« changer ; s'il devient plus court, la planète en révo-
« lution doit tomber sur l'autre ; s'il devient plus long,
« elle doit fuir pour toujours de son orbite. Pour sau-
« ver cette invraisemblance, on en a inventé une autre,
« les calculs peuvent prouver tout : parce que dans
« les prétendues orbites elliptiques, le satellite se
« trouve, assure-t-on, doué d'un mouvement plus
« précipité au point le plus éloigné de l'abside ; on

1*

cension qu'on leur attribue n'étant que le changement de leur position apparente par rapport à nous.

Si le ciel était sphérique, on aurait découvert une étoile immobile, formant nadir de l'étoile polaire : Il n'y a donc pas de ciel antarctique. *Voy.* pag. 85 et Planches *fig.* 1re, Plan du ciel *visible* et de l'écliptique : la preuve est sans réplique possible. . .   »

Les firmamens sont obliques par rapport à nous ; c'est-à-dire que le firmament inférieur dans lequel la terre est placée, se trouve sûr le plan de la ligne écliptique ; et le firmament supérieur ou ciel lui étant parallèle est aussi nécessairement oblique. Voilà pourquoi l'étoile polaire ne paraît pas exactement au zénith de notre pôle arctique.

« a soutenu que cet accroissement ou ce décroisse-
« ment du mouvement se balançait avec l'augmentation
« ou la diminution de force attractive occasionée par
« le plus ou moins de distance des planètes entre elles. »

II.

Le principe du fluide lumineux répandu
dans l'espace avant la création du soleil,
puisque le *fiat lux* (1) est du premier jour
et que le soleil est l'œuvre du quatrième, est
doué d'un *mouvement perpétuel* et régulier
en ligne droite de l'est à l'ouest. N'est-ce
pas alors une conséquence forcée que chaque
molécule de ce fluide, conservant une même
position, attire le sud par son pôle supérieur
et le nord par son pôle inférieur; puisque
sans cette position primordiale et cette double
attraction, le fluide ne suivrait pas une ligne
droite vers l'ouest, même quand il ne trouve
pas d'obstacle, et ne pourrait retrouver la route
qui lui a été assignée, quand il en aurait été

---

(1) *Vidit Deus lucem quod esset bona et* DIVISIT *lucem à tenebris.* (GENÈSE , I, 4.) *Cette division* de la lumière et des ténèbres n'est pas pour le moment seulement : c'est un ordre établi par Dieu pour l'éternité des
temps, ainsi que la division des eaux en supérieures et
inférieures qu'on verra plus loin. Voilà les deux grandes
lois de la nature, parce qu'elles établissent le mouvement, et le règlent.

dérangé ? Ce fluide est le fluide électrique répandu dans tous les corps, les rendant plus ou moins poreux, plus ou moins élastiques, selon la quantité qu'ils en contiennent, ou selon la raréfaction de celui qu'ils contiennent : fixe dans les corps solides s'il y est enveloppé de manière à ne présenter que ses pôles d'attraction différente, et à n'offrir par conséquent que peu de prise aux courans électriques, et les rendant plus ou moins lucides selon qu'il y surabonde. Devenant mobile dans ces corps quand les courans, dérangés et comprimés par une cause quelconque comme le frottement ou la combustion, y trouvent enfin à toucher leur molécule homogène dans leur sens parallèle, et pouvant alors les décomposer. Toujours mobile quand il est surabondant et raréfié comme dans les liquides, parce que, à cause de sa surabondance, il se trouve dans ces corps sur plusieurs faces, et que présentant aux courans la face parallèle, il est emporté et remplacé instantanément par eux; pouvant même les décomposer si ces corps n'ayant que deux molécules constituantes ne l'enveloppent que légèrement et le laissent

alors nécessairement emporter par un courant , comme l'eau décomposée par une suite
de décharges électriques , ou par une pile
voltaïque , et plus imperceptiblement par les
courans ordinaires à sa surface ; les décom-
posant et recomposant d'une manière instantanée dans les gaz ou fluides permanens,
tels que l'air , quand il y surabonde comme
troisième principe constituant , et que, placé
entre les deux autres , l'un à son pôle boréal
et l'autre à son pôle austral , il présente une
surface tout-à-fait parallèle au courant direct :
d'où il suivrait que la loi , imposée au fluide
lumineux répandu dans l'espace de se diriger
de l'est à l'ouest, emporte nécessairement la
décomposition et recomposition instantanée
de l'air (1).

(1) *Lustrans universa in circuitu pergit spiritus , et in
circulos revertitur.* (Eccl. 1 , 6.)

III.

Les firmamens sont formés d'un fluide
extraordinairement subtil, je dirais presque
le vide, dont chaque molécule a la propriété
d'attirer son homogène en ligne droite du
nord au midi et du midi au nord, sans pouvoir être écartée de cette ligne vers le nord
ou vers le midi? Peut-on concevoir cette
propriété en admettant que le fluide attire à
lui d'un côté dans l'étendue le pôle boréal
et est attiré par lui, attire de l'autre le pôle
austral et est attiré par lui, et qu'étant indi-
visible par sa nature et se trouvant entre
deux forces égales d'attraction, *l'étendue
des deux côtés*, ou, si on le conçoit mieux
ainsi, son homogène répandu à l'infini
des deux côtés, il est invariablement fixé sur
la ligne où il a été primordialement placé,
ne pouvant se laisser pénétrer qu'en se
condensant sur lui-même et s'écartant des
côtés.

Ce fluide serait-il le même (1) que le fluide

(1) « Découverte des courans électriques due à
« M. OErsted, mais mise dans tout son jour et analysée
« par M. Ampère. » (*Manuel de physique de* M. BAILLY.)

lumineux ou électrique, mais placé horizon-
talement, qui ne pouvant, ainsi qu'il a été
dit, suivre son courant naturel vers l'ouest,
c'est-à-dire au moyen de sa position horizon-
tale, s'élever vers le nord ou descendre vers
le midi, tournerait alors sur lui-même, ou
serait rendu fixe et solide par la congéla-
tion (1).

(1) Job dit que les cieux sont d'une substance
aussi solide que le bronze : *Tu fornitan cum eo fabri-
catus es cœlos qui solidissimi quasi ære fusi sunt.* (Job,
37, 16.) L'apôtre Saint Pierre, en parlant des derniers
jours du monde, atteste que les cieux brûleront du
même feu avec la terre : *Cœli autem qui nunc sunt et
terra eodem verbo repositi sunt, igni reservati in diem
judicii* (2. Pet. 3, 7), et plus loin il se sert d'une expression qui annonce leur destruction comme la fusion
d'un métal : *Properantes in adventum diei Domini per
quem cœli ardentes solventur.* Fusion qui s'opère en
partie tous les jours par les révolutions du soleil et de
la lune, et que nous atteste la chute des aérolithes,
pierres véritablement écornées de notre firmament,
par quelque légère inégalité de la révolution de ces
astres dont la station à la parole de Josué en fit tomber
bien davantage : *Cumque fugerent filios Israel, et essent
in descensu Bethhoron, Dominus misit super eos lapides
magnos de cœlo usque ad Azeca.*

C'est dans le firmament inférieur que furent posés le soleil et la lune , ainsi que notre globe obliquement coupé en deux hémisphères (1) ; et en raison de l'accord de cette hypothèse avec les phénomènes magnétiques , j'appellerai cette couche séparant le ciel supérieur (2) et les abîmes , *plan écliptique* ou *ligne aimantée.*

Ce fluide ainsi fixé doit avoir toutes les propriétés du verre, et alors on peut considérer toute l'étendue à l'infini formant le *plan écliptique* comme un vaste miroir (3). A l'appui de cette hypothèse vient le phénomène de la lumière zodiacale. M. de la Place n'admet pas que celle-ci soit due à l'atmosphère du soleil qui n'aurait pas cette étendue : je me trouverai d'accord avec lui, en disant

(1) *Fiat firmamentum in medio aquarum et dividat aquas ab aquis ; et fecit Deus firmamentum ; divisitque aquas quæ erant sub firmamento ab his quæ erant super firmamentum.* (GENÈSE, I, 7.)

(2) J'appelle *ciel supérieur* le firmament au-dessus de notre ligne écliptique, qui est le dernier, et au-dessous de laquelle il n'y a rien. Mais je ne veux pas dire par là, qu'il n'y a pas d'autres firmamens au-dessus du ciel supérieur : Saint Paul a été ravi jusqu'au troisième ciel.

(3) Voyez PLANCHES, *fig.* 2, *I, I.*

qu'elle est la réflexion du disque solaire atmosphérique sur la ligne aimantée, au sommet de l'angle que le soleil et l'équateur terrestre forment à l'horizon.

On peut remarquer que les hypothèses du
fluide lumineux et aimanté sont l'application
des phénomènes électriques et magnétiques ;
que les systèmes des vibrations du son et des
ondulations lumineuses concordent parfaitement avec la décomposition et recomposition
instantanée de l'air ; et que la double ré-
fraction et polarisation s'y rattachent tout
naturellement.

L'aurore boréale paraîtrait due à la rencontre des courans électriques attirés par
deux points périœciens de la ligne aimantée

IV.

La terre est partagée en deux hémisphères obliques par la ligne aimantée ou plan écliptique. Dans cette position, c'est-à-dire l'écliptique coupant le globe, ainsi que l'indiquent les sphères, de la pointe de Californie à l'île Rodrigue (1), la terre donne alternativement les deux équinoxes. Mais elle balance périodiquement pendant trois mois son pôle arctique sur le méridien boréal et sur le méridien austral. Ainsi de l'équinoxe de septembre au solstice de décembre, le pôle arctique s'incline de $23°\frac{1}{2}$ sur le méridien boréal; et Mexico remonte par conséquent de $23°\frac{1}{2}$ au nord, tandis que l'île Rodrigue descend d'autant vers le sud. Du solstice de décembre à l'équinoxe de mars les pôles se remettent à leur place.

De l'équinoxe de mars au solstice de juin, le pôle arctique s'incline de $23°\frac{1}{2}$ sur le méridien austral, et Mexico qui se trouvait au point supérieur de la ligne écliptique, descend de $23°\frac{1}{2}$ vers le sud, tandis que l'île Rodrigue remonte d'autant vers le nord. Ainsi

(1) Voir pour la rectification page 69, et Pl., *fig.* 2, *E*.

dans son inclinaison de 47 deg. de décembre
à juin, le pôle descend les îles Gallopagos jusqu'au tropique du Capricorne, et dans son redressement de 47 degrés de juin à décembre,
PL. *fig.* 2, *K*, il les remonte au tropique
du Cancer. Cela explique pourquoi, dans
le système de Copernic, le globe terrestre
paraît monter au-dessus du soleil dans l'hiver et redescendre au-dessous en été, et comment nous paraissons circuler pendant l'année
au-dessous de chaque signe du zodiaque.

Dans le redressement du pôle arctique vers
le méridien boréal, ce pôle a un poids plus
considérable à soulever que dans son inclinaison sur le méridien austral ; car à partir du tropique du Capricorne au pôle antarctique, il y
a plus de terres du côté austral que du côté
boréal, et par une admirable configuration
du globe, le redressement éprouve la même
résistance, parce que la grande masse de terres
de l'équateur au tropique du Capricorne bo-
réal a baissé de 23° $\frac{1}{2}$; voilà en partie ce qui
cause l'accroissement de l'intervalle de l'é-
quinoxe du printemps à celui d'automne.

L'équinoxe donne la position primordiale
de la terre, c'est-à-dire qu'au moment de la

création, l'*écliptique*, ou *ligne aimantée*,
coupait le globe obliquement du tropique du
Cancer au Capricorne. C'est donc à cette
ligne que se fit la séparation des eaux, en
supérieures et inférieures ; et les eaux qui
sont au-dessus ne peuvent se mêler avec celles
qui sont au-dessous. Telle est la raison des
courans de mer, et des flux et reflux. Par son
balancement, la terre refoule les eaux du
nord au sud en vingt-quatre heures, mais
elles sont arrêtées à cette ligne par la loi de
séparation. Pour qu'elles soient repoussées,
il faut que l'action de répulsion soit égale à
l'action d'impulsion. Il y a donc sur notre
hémisphère deux actions contraires sur les
eaux en vingt-quatre heures ; et attendu que
celles de l'autre hémisphère éprouvent pareillement ces deux actions, nous devons
ressentir le contre-coup, et il faut de toute
nécessité qu'il y ait un mouvement oscillatoire des eaux toutes les six heures. On voit
par l'inspection du globe pourquoi les marées
sont plus fortes aux équinoxes.

L'augmentation graduelle de gravité qui
se fait sentir de l'équateur au pôle vient de
cette séparation de l'action attractive de la

terre par la ligne aimantée, le globe terrestre se trouvant avoir deux centres de gravité
à ses pôles, au lieu d'un à son équateur.

L'immobilité de l'axe de l'équateur de l'est
à l'ouest, donne le moyen d'avoir la longitude exacte sur mer, ainsi que je l'ai an-
noncé dans l'avant - propos, pag. xij. On
obtiendra cette longitude bien plus exactement encore, si l'on veut, à l'exemple des
Chinois cités par M. de la Place, subor-
donner la division de la circonférence par
la longueur de la révolution, et adopter
pour 120 de diamètre 565 de circonférence.
Là où s'arrête la science, les démonstrations
révélées par la nature doivent faire autorité,
et elle a bien peu de secrets que ne trahisse
l'indiscrétion de ses phénomènes. D'ailleurs,
ce surcroît de 5 degrés sur la circonférence
n'est-il pas un peu prouvé par l'accroissement
de longueur des degrés du méridien, de l'é-
quateur aux pôles, dont on a conclu à tort
l'aplatissement.

A l'appui de l'opinion des Chinois, je vais
hasarder une espèce de démonstration qui,
par sa simplicité, pourra facilement être exa-
minée à fond.

Pour avoir la circonférence, on coupe le
cercle en quatre afin de mesurer les quatre
angles, et chaque angle s'étant trouvé égal
à 90 lignes ou points, on écrit. . 36o lig.
Mais on oublie qu'en coupant le cercle
en quatre on a nécessairement laissé
quatre lignes, c'est-à-dire la ligne de
section entre chaque angle ; autrement, les mesures des angles ne seraient pas justes, puisque leurs lignes
de contact, qui sont communes dans
le fait, auraient été comptées de
chaque côté. Car, si pour mesurer
la demi-circonférence

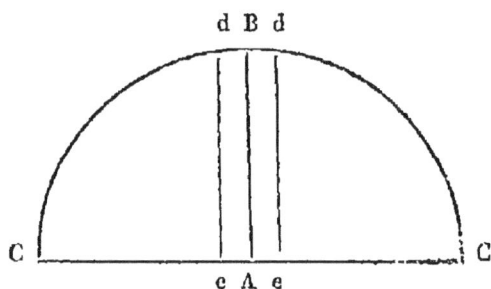

d B d

C ⌐⎯⎯⎯⎯⎯⎯⎯⎯⎯⎯⎯⎤ C
e A e

je double la mesure *A B C*, je compte
à tort deux fois la ligne *A B* qui est
unique. Je suis alors forcé d'aban-
donner ma ligne *A B* comme ligne
de section, et d'en créer une de cha-

D'autre part. . 36o lig.

que côté *d e* , que je puisse enlever
sans toucher à sa pareille de l'autre
angle. Il faut donc ajouter pour les 4
coupures ou sections.   4

Mais ces 364 lignes ne peuvent se
réunir au point central *A* sans se
confondre ou s'entamer , si elles ne
sont pas séparées l'une de l'autre :
conséquemment il faut de toute nécessité qu'une dernière ligne se subdivise
en 364 , pour séparer ces 364 lig., ci.   1

TOTAL. . . . 365

V.

Le soleil, placé dans la ligne aimantée ou écliptique, fait sa révolution journalière autour du globe terrestre, circulairement et sans ellipse dans ce même plan écliptique (1) quel que soit le changement de position des pôles de la terre ; et attendu ce balancement périodique, l'astre lumineux suit l'équateur au solstice de décembre, parcourt aux deux équinoxes la ligne circulaire donnée par Mexico et l'île Rodrigue d'un tropique à l'autre, comme l'écliptique est figurée sur les globes (2), et coupe la terre obliquement du 47ᵉ deg. de latitude arctique, lac supérieur Amérique, au 47ᵉ deg. latitude antarctique, île Marion, au solstice de juin.

Je vais bientôt prouver qu'on ne connaît ni le diamètre du soleil, ni sa distance à la terre (3) ?

(1) *Oritur sol, et occidit, et ad locum suum revertitur; ibique renascens gyrat per meridiem, et flectitur ad aquilonem.* (Eccles. 1, 5.)

(2) Voyez la note ci-dessus, page 12.

(3) C'est ce que j'avais déjà fait entrevoir dans les Tablettes du Clergé, de septembre 1828, sur la nouvelle édition de la Bible de Vence.

« . . . . M. Drach n'a donné autant d'étendue

Peut-on croire le soleil à la distance fixée
par les calculs astronomiques, lorsqu'une

à cette note, qu'afin de ne pas tronquer la dissertation
de D. Calmet, qui est restée intacte sur ces versets.
Nous aurions désiré qu'on eût usé de la même réserve
à l'égard de celle qui traite de la station du soleil et de
la lune, opérée par Josué. *On en a*, dit l'editeur, *sup-
primé des passages déduits de systèmes astronomiques,
dont le temps a fait justice.* Il est certain que le temps
est un grand maître; ne fera-t-il pas justice aussi des
nouveaux systèmes? On a dépouillé la terre de sa pré-
éminence comme centre, pour la donner au soleil dont
on croit la masse bien autrement énorme. Mais l'homme,
qui a su consolider la transparence de l'air en lames
planes et courbes, placer ces courbes dans des tuyaux
en sens parallèles ou contraires, pour rapprocher ou
éloigner les distances, pour diminuer ou agrandir les
objets, n'aurait-il pas dû s'imaginer que Dieu qui
dispose à son gré du vide ou de l'espace, a pu, lui
aussi, envelopper chaque planète d'une couche parti-
culière de transparence dont l'effet est sans doute un
peu plus puissant que le meilleur *flint-glass.* Or, en
admettant la transparence propre de concavité terrestre avec la transparence propre de convexité des
autres astres et l'énorme biconcave qui peut se trouver
entre chaque planète, où en seront toutes les données
astronomiques de distances et de grandeurs des corps
célestes; l'effet de cette disposition d'optique ne doit-
il pas être d'éloigner prodigieusement l'image? Il est

2ª vol.

différence de latitude de cinq degrés sur le globe terrestre suffit pour procurer un changement notable de température. N'est-il pas plus naturel que l'extrême froid soit le produit de l'éloignement des rayons solaires, et que l'extrême chaleur soit celui de leur rapprochement, plutôt que de supposer l'inverse par un système hypothétique d'obliquité ou de perpendicularité de rayons, comme si toutes les lignes, partant directement du même centre, n'étaient pas perpendiculaires à ce centre, et pouvaient avoir entre elles d'autre différence que leur plus grand ou leur plus petit prolongement? Les rayons arrivés obliquement à la terre n'en partent pas moins directement du centre du soleil, et ne sont

donc possible que nous ayons le soleil tout près de nous, et que d'un diamètre bien inférieur à celui de la terre, il puisse, sans trop déroger, tourner autour d'elle. Tout cela n'est qu'une conjecture qu'il faudrait approfondir, et nous ne regardons pas comme insoutenable, qu'à l'égard de la station du soleil, l'Ecriture n'ait voulu parler à nos sens; mais rien n'est encore prouvé. Un système en remplace un autre. Il semble plus d'accord avec l'état actuel de nos connaissances : c'est une probabilité. Toutefois, une probabilité plus grande lui manquera toujours : *Etre conforme à la lettre de la parole de Dieu.*

pas moins perpendiculaires à ce point central, que ceux qui s'échappent de tous côtés;
leur différence de propriété ne peut donc changer que par la différence de leur longueur.

Quant à la diminution apparente du diamètre du soleil au solstice d'été, *son véri-*
table périgée pour l'Europe, remarquons
que nous étant rapprochés de l'équateur solaire, l'angle que le point visuel forme avec
l'arc convexe du soleil est beaucoup moins
ouvert que celui de l'apogée, où nous sommes plus éloignés de cet équateur.

En voici la preuve. La distance du soleil
a été calculée de manière qu'à son apogée
l'angle du point visuel mesurât exactement
son diamètre. Or, si cet astre s'avance vers
le sommet, l'angle coupera nécessairement
le diamètre et le diminuera : car il est certain que, pour peu que j'avance la ligne *A B*,
elle sera coupée par les deux côtés de l'angle,
et diminuée d'autant.

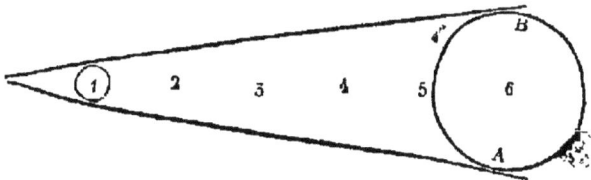

Puisque le même phénomène a lieu pour

la lune, il faut qu'elle aussi soit placée de
manière que l'angle du point visuel mesure
exactement son diamètre : et de ce phénomène des deux astres, résulte la preuve la
plus concluante qu'ils sont pour le diamètre
comme pour la distance, dans le rapport
de 6 à 1 ; et que le diamètre du soleil égale
2 distances à peu près.

VI.

La lune, placée entre le soleil et la terre dans la ligne aimantée ou plan écliptique, tourne circulairement de l'est à l'ouest autour du globe terrestre.

La lune, dans sa marche journalière, se trouve en retard sur le soleil d'un 12ᵉ de son orbe. Or, puisque l'espace qu'elle parcourt dans le même temps paraît plus petit, il faut que le soleil soit doué d'une vitesse plus grande. Le rapport de vitesse des deux astres, évidemment d'1 à 2, nous amène à connaître le rapport de leurs orbites (1), et confirme que le rapport de leur distance à la terre est de 1 à 6, comme il a été dit ci-dessus. L'on en peut conclure que si la lune est à 85,000 lieues de la terre, le soleil en serait à 510,000, au lieu de 34 millions; et attendu que *les diamètres apparens* du soleil et de la lune sont les mêmes, l'on peut dire, que, le *diamètre réel* de la lune étant de 60 lieues, le *diamètre réel* du soleil n'est que de 360 lieues, ce qui diffère beaucoup de 315,000 qu'on lui attribue :

(1) Voyez page 76.

le globe solaire, loin d'être un million de fois plus gros que la terre, n'en fait donc que la huitième partie.

Mais est-il vrai que la lune soit à 85,000 lieues de la terre ? c'est de toute impossibilité ; on voit par la figure ci-dessus que le demi-diamètre du soleil égale presque une distance. La distance de la lune à la terre est donc un peu plus que le demi-diamètre du soleil, environ 232 lieues, ce qui porterait la distance du soleil à 1,400 lieues ou 54°(1). Je conçois alors que la température change de degré en degré de latitude, puisque la zône écliptique est de 47°, et qu'à ces 47 il faut en ajouter 6 pour le quart des 23°, dont les pôles se rapprochent de cette zône dans leur inclinaison, ce qui fait 53. Maintenant que nous savons que la distance de la lune est 232 lieues, nous ne trouverons pas étonnant que les calculs astronomiques l'aient fixé à 85,000, produit de 232 par 365, mouvement de révolution et de rotation attribué à la terre dans le système de Copernic.

L'inclinaison du pôle de la terre explique

(1) Voyez pour la rectification, page 75.

la libration de la lune en latitude, comme
l'accroissement et la diminution de son diamètre, ainsi qu'il est dit pour le soleil. Son
évection n'a pas plus de réalité que ses ca-
vernes qui sont l'effet des coïncidences lumineuses. Toute partie obscure, à côté d'un
point éclairé, semble se renfoncer et fuir.

VII.

Le principe ou fluide lumineux doit recevoir une plus grande intensité, en raison
d'une plus grande accélération de la décomposition de l'air, et on peut admettre cette
accélération par l'action attractive du soleil
sur l'oxigène de l'air, et l'action attractive
de la lune sur l'azote, puisqu'il suffit pour
cela de supposer que l'oxigène est la molécule
dominante du soleil, et l'azote celle de la
lune? On était d'accord d'attribuer à l'attraction du soleil et de la lune le soulève-
ment des eaux, ce qui était aller bien loin;
je pense alors qu'il n'y a pas difficulté de leur
accorder une action attractive bien moindre
et bien plus régulière.

Cette hypothèse est tout-à-fait conforme au
système des ondulations lumineuses, chaque
décomposition de molécule d'air donnant une
nouvelle ondulation; la lumière devenant
plus intense selon que les ondulations se sui-
vent plus rapidement en sens direct, la chaleur
devenant plus forte selon que les ondulations
surabondent davantage en tous sens. Aussi

voyons-nous la lumière devenir progressivement plus vive du sol à la superficie de l'atmosphère, où l'action attractive des deux
astres se trouve la plus forte et la plus directe ; et la chaleur, au contraire, augmenter
de la superficie au sol, parce que l'attraction
n'y arrivant que par communication, mais
de tous côtés, y est plus lente, mais mul-
tiple (1).

D'ailleurs, comment se fait-il que la lune
donne si peu de lumière du dernier quartier
au premier quartier de renouvellement, tandis
qu'elle jette tant d'éclat du premier au dernier quartier ? Si elle empruntait véritablement sa lumière du soleil, ne devrait-elle
pas, à part le jour du renouvellement, être
graduellement aussi brillante pendant le dernier quartier que pendant les phases de la
pleine lune, et dans les phases de la nouvelle
lune que pendant le premier quartier, puisque sa position par rapport au soleil et à la
terre, y est à peu près la même ; mais si l'intensité de la lumière provient de l'accélération du mouvement du fluide lumineux ; ces

(1) Expériences de MM. Dulong et Petit.

phénomènes pourront se concevoir facilement : dans les phases d'opposition, les deux
principes de l'air s'échappent en sens opposé,
et le fluide lumineux accélère alors régulièrement ses ondulations ; tandis que dans les
phases de conjonction, quoiqu'il y ait, de
fait, accélération de mouvement du fluide
lumineux, les ondulations lumineuses se
rencontrent ; il y a coïncidence, et par
conséquent il doit y avoir obscurité du disque selon les angles de coïncidence. Les
phases de la lune viennent ainsi à l'appui du
système des vibrations ; et la théorie des interférences (1) donne la théorie des phases
de la lune, même celle des éclipses de cette
planète ; car, dans les momens d'opposition
parfaite, la lune par son attraction dégage
180 degrés d'ondulations lumineuses au moment où le soleil en dégage sur la même
ligne 180 autres : or ces ondulations se rencontrent en ordre contraire, et il y a coïncidence ; mais on voit que cette coïncidence

---

(1) MM. Fresnel et Arago. Les hypothèses, bases
de mon système, sont également prouvées, et par
l'autorité de la parole de Dieu et par les travaux les
plus marquans de l'Académie.

cessera, aussitôt que le rapport des 180 degrés sera rompu. C'est encore à la théorie des interférences qu'il faut rapporter les taches du soleil. Leur révolution de 27 jours prouve qu'elles ne sont autre chose que la marche des coïncidences lunaires ; n'en est-il pas de même du passage de Vénus sur Jupiter? A l'égard des éclipses de soleil, je ne prendrais pour véritables éclipses que les *annulaires,* et je rangerais les autres dans les phénomènes d'interférences.

La distance du soleil et de la lune à la terre étant dans le rapport de 6 à 1, j'ai prouvé mathématiquement qu'il fallait que leur diamètre réel ou leur circonférence fût dans le même rapport de 6 à 1. Pour que leur force d'attraction sur l'air atmosphérique soit aussi dans le même rapport, si l'on suppose que l'atmosphère est composée d'un cinquième d'oxigène et des quatre autres d'azote, il suffit de coordonner en conséquence de leur distance respective la masse de l'oxigène dans le soleil et celle d'azote dans la lune ; mais je soupçonne qu'il y a erreur dans l'analyse chimique de l'air dont on n'a pu extraire l'azote pure, et qu'au lieu de 79 parties d'azote et de 21 d'oxigène, on doit compter 85 d'oxigène et 15 d'azote, comme ses consti-tuans ; car j'ai peine à croire que nous ayons été abandonnés dans une atmosphère mortelle pour les quatre cinquièmes. De cette manière, la distance, la circonférence, et l'action du soleil et de la lune relativement à la terre, seraient toutes trois dans le même rapport de 6 à 1.

Pour que l'action inverse du soleil sur les 85 parties d'oxigène de l'air et celle de la lune sur les 15 d'azote soit conservée sur un demi-cercle, il faut que leur distance à la terre forme un angle en même rapport avec ce demi-cercle, par conséquent un angle de 30°, sixième de 180. Si l'angle n'a que 15°, l'action ne sera plus inverse, mais coïncidente. Il y aura donc coïncidence ou nouvelle lune à 15°, et demi-coïncidence ou quartier à 22° $\frac{1}{2}$, et attendu que l'action inverse ou la pleine lune comporte nécessairement 30°, il y aura encore coïncidence ou nouvelle lune, l'angle étant de 45°, et ainsi de suite jusqu'à 360 : car, opérer sur le demi-cercle, c'est opérer sur le cercle entier.

Il semblerait alors que toutes les lunaisons

dussent être égales ; mais le mouvement de révolution de la lune dérange les conjonctions et oppositions mathématiques de coïncidences ; et là où la conjonction de position succède ou vient se réunir à la conjonction mathématique , la pleine lune doit être plus longue ; là où l'opposition de position combat cette conjonction mathématique, la pleine lune doit être plus courte , et ainsi des autres phases.

Ce n'est pas seulement aux actions combinées du soleil et de la lune sur l'atmosphère que sont dues ses oscillations , et que doit se rapporter la théorie des vents. Les flux atmosphériques ont les mêmes causes que les flux de la mer. La loi qui sépara les eaux en supérieures et inférieures a également divisé l'atmosphère boréale de l'atmosphère australe par le cercle écliptique. Les vents alisés et les moussons produits des courans électriques de l'est à l'ouest , doivent donc descendre ou monter périodiquement d'un tropique à l'autre , suivant que l'équateur s'approche ou s'éloigne du plan écliptique. La lune des moissons peut s'expliquer aussi par la rétrogradation du flux atmosphérique.

VIII.

Il n'y a pas d'autres planètes dans le firmament inférieur que la terre, le soleil et la lune. Le surplus n'est qu'illusion de catoptrique.

Examinons ces faux dieux l'un après l'autre.

MERCURE.

Réflexion alternative du soleil sur les glaces des deux pôles.

Le soleil complète près de 183 révolutions pendant que les pôles oscillent ensemble de 47 degrés : l'angle d'incidence qu'il trace sur les deux glaces polaires par sa marche diurne, est donc environ dans le rapport de 4 à 1, et Mercure serait 91 jours au lieu de 88 à parcourir son orbite, si elle ne se trouvait de 18 deg. en avant du soleil, somme des diamètres de la vraie et de la fausse planète ; cette différence de 3 jours ne tient qu'à la diminution de diamètre de l'orbe. Le mouvement de Mercure, quoique paraissant avoir quelque complication, est pourtant régulier (1); mais les pôles, par leur oscillation, s'éloignant ou se

_____

(1) Voyez page 82, et Pl. *fig.* 2, *B.*

rapprochant du soleil pendant cette révolution circulaire de l'angle d'incidence, cet
angle doit varier de longueur, par conséquent s'éloigner ou se rapprocher du soleil,
et donner par là une apparence d'irrégula-
rité à sa marche.

VÉNUS.

*Réflexion de la pleine lune sur la ligne
aimantée, en deçà du soleil (1).*

Pour durée moyenne de son retour à la
même position, relativement au soleil, ou
pour parcourir son orbite autour de la terre,
Vénus doit mettre 584 jours, puisqu'il en faut
à la lune 390 pour refaire dans son propre
orbite un dernier mois lunaire au-delà des
$12\frac{1}{2}$ qu'elle a déjà faits pendant la révolution annuelle du soleil, sans quoi Vénus ne
paraîtrait pas circuler autour de cet astre.
Car l'action ou la force lumineuse de *la lune
en opposition* étant égale au demi-diamètre
de son orbite, ou de sa distance à la terre,
le diamètre de l'orbite de l'angle d'incidence
est de moitié en sus, et puisque cet astre met

(1) Voyez page 82, et Pl. *fig.* 2, *C.*; et la note du
Résumé, page 93.

3

3go jours pour créer cette orbite de raison,
Vénus en doit mettre 195 de plus, c'est-à-dire
584 ou 585. Quant à la révolution sidérale ou
d'apparence de 224 jours, excès de la révolution vraie sur la révolution solaire, on voit
qu'elle est due à l'oscillation de la terre qui
change notre point de vue.

MARS.

*Réflexion de la nouvelle lune sur la ligne
aimantée, au-delà du soleil* (1).

Partant de la pleine lune, attendu son action inverse, puisqu'elle se trouve en opposition, nous n'avons dû prendre que moitié
de son orbite de raison pour avoir sa force
de réflexion, c'est-à-dire Vénus. Si, au contraire, nous partons de la nouvelle lune,
attendu que son action n'est plus inverse,
mais directe, puisque l'astre est en conjonction, il faut, pour avoir sa réflexion dans
cette position, doubler l'orbite de raison,
et nous aurons alors 780 jours pour durée
de la révolution de Mars.

(1) Voyez page 83, et PL. *fig.* 2, D.

JUPITER.

Cette planète est la somme des réflexions du Soleil, de la Lune, de Mercure, Vénus et Mars.

Soleil.	365	730 jours.
Lune, pour raison dite plus haut.	390	780
Mercure, réduit de moitié à cause des deux pôles.	46	92
Vénus.	585	1,170
Mars.	780	1,560
Durée de la révolution de Jupiter.		4,332 jours

SATURNE.

Les retours de Saturne à l'équinoxe du printemps, plus prompts que ses retours à l'équinoxe d'automne, sont un premier indice, qu'il est une réflexion de la terre qui, avec ses vrais et faux satellites, nous fait trouver les sept satellites de cette fausse planète. Une autre preuve se trouve dans la division périodiquement variable de son anneau, copiant ainsi notre zône écliptique jusque dans la division de nos deux atmosphères boréale et australe. Cet anneau devra même disparaître, si, s'étant rapproché des deux pôles, ainsi que se rapproche de nos deux pôles la

5*

zône écliptique au solstice d'hiver, Saturne présente à notre point de vue l'extrémité inférieure de l'axe de cet anneau qui se confond alors avec les deux pôles de la planète et ajoute à sa rondeur.

L'action ou force lumineuse de la terre, est égale à 7, puisqu'elle se compose de celle du soleil et de la lune qui sont dans le rapport de 6 à 1. Cette force, multipliée par 4, à cause des 4 positions de la terre dans l'année, produit pour réflexion 28, qui, par 365, donnent . . . . . . 10,220 jours.

Ainsi qu'il a été fait pour Vénus, il faut ajouter, pour que le diamètre de la terre passe au-dessus du soleil dans ses 4 positions, 4 fois ½ ce diamètre, 540 ou 539
_____
10,759 jours,

durée de la révolution de Saturne.

URANUS ou HERSCHELL.
Réflexion de Saturne.

Pour que l'action lumineuse, reçue par Saturne, qui est égale à 28, soit reportée plus loin, il faut qu'elle soit multipliée par 3,

puisqu'elle vient en 3ᵉ ricochet ; elle doit donc
être pour Uranus 84, qui, multipliés par
365¼, donneront 30,686 jours pour révolution de cette planète.

Cérès, Pallas, Junon et Vesta, sont la
réflexion de Mercure, Vénus, Mars et Jupiter.

La voie lactée est la réflexion des réflexions
des astres du ciel supérieur ; car Dieu sait
beaucoup faire avec rien, et il lui a plu de
multiplier les étoiles à l'infini par la seule
vertu des cieux.

IX.

Les comètes ne peuvent traverser la ligne
aimantée ou plan écliptique. C'est l'obliquité
de ce plan qui trompe à cet égard. Mais elles
peuvent aller très-loin vers le nord sans
traverser l'écliptique ; si elles touchaient
cette ligne, elles y tourneraient autour de la
terre, et nous verrions plusieurs soleils ou
plusieurs lunes suivant la nature de l'astre.

X.

L'inclinaison des pôles de la terre telle que je l'ai combinée avec la révolution diurne du soleil et de la lune sur le plan écliptique rend évidemment compte de la variation dê température des saisons comme de l'accroissement et décroissement progressif de la longueur des jours pendant l'année, d'une manière plus satisfaisante que dans le système de Copernic. Le mien ou plutôt celui de la nature aurait donc mérité d'être examiné par l'Académie, quand même les trois hypothèses qui lui servent de base ne seraient pas prouvées, surtout celui de Copernic ayant contre lui des objections insolubles.

Mais je n'en suis pas réduit à prouver mon système par l'invraisemblance de celui qu'on a généralement reconnu. Ce serait seulement le cas, si l'on me faisait contre le mien des objections que je ne pusse lever. Je répondrais alors : mettons dans la balance les objections faites de chaque côté, et voyons. Je le répète, je n'en suis pas là.

Les travaux de MM. Ampère, Fresnel,

Arago , Duloug et Petit ; ayant établi l'identité des fluides électrique et magnétique, ainsi que les causes des divers phénomènes de la lumière et du calorique, la preuve se trouve acquise à ces trois hypothèses :

1° Le mouvement imprimé de l'est à l'ouest au fluide électrique ou lumineux; 2° Là ligne attractive et répulsive qui sépare notre globe en deux hémisphères et toute l'étendue boréale de l'étendue australe sur le plan écliptique; 3° La décomposition et récomposition instantanée de l'air qui tranche la question entre l'émission de la lumière, et son existence *universelle, primordiale*, plus ou moins développée par l'attraction ou le frottement des corps ambians. Or, de ces trois hypothèses, découle l'explication nette et péremptoire que ne peuvent donner les Coperniciens :

De l'inégalité des mois lunaires ;

Des éclipses de lune ;

Du flux et reflux de la mer ;

Des courans de mer ;

Des flux atmosphériques ;

Des vents ;

Des vents alisés et des moussons ;

Des phénomènes de l'aiguille aimantée ;

De l'augmentation de pesanteur de l'é-
quateur aux pôles, centres de gravité.

Venons maintenant aux preuves mathématiques.

La nature des planètes est trahie par leurs
révolutions que les travaux astronomiques
ont fait connaître jusque dans leurs plus
petites anomalies ; et cette indiscrétion in-
volontaire renverse de fond en comble l'im-
posante colonne de calculs qui soutient le
système de Copernic. En vain M. de la Place
s'écrie-t-il avec une noble confiance :

« Loin d'avoir à craindre qu'un astre
« nouveau ne démente ce principe (l'ellip-
« ticité des orbes), on peut affirmer d'avance
« que son mouvement y sera conforme ; c'est
« ce que nous avons vu nous-même à l'égard
« d'Uranus et des quatre planètes télescopi-
« ques récemment découvertes. »

Eh bien ! ces derniers astres découverts
vont justement faire crouler cet édifice admirable.

En effet, Saturne pourrait revendiquer
peut-être l'immensité des états dont je l'ai
détrôné, si Uranus n'arrivait tout exprès pour
tripler ma force contre lui ; et je vais devoir

aux déesses de l'agriculture et de la sagesse
le moyen bien précieux de donner une seconde preuve que la distance du soleil et de
la lune relativement à la terre est dans le rapport de 6 à 1.

L'une et l'autre, Cérès réflexion de Mars,
Pallas réflexion de Jupiter, font leur révolution en 1681 ou 1682 jours. Nous avons
vu que la force lumineuse reçue par Mars est
avec celle du soleil dans le rapport de 2 à 6,
puisque la force de la lune a été doublée à
cause de sa conjonction avec le soleil, et que
celle de cet astre est toujours restée 6. Jupiter
n'a donc pu transmettre à Pallas qu'une force
égale à 12. Mars qui n'a reçu de la lune
qu'une force égale à 2 ne pourrait par lui-
même transmettre qu'une force égale à 4,
mais sa force propre est à multiplier par celle
du soleil qui est dans la même direction,
et 2 par 6 donnent également 12, force trans-
mise à Cérès. Cérès et Pallas se trouvent
ainsi toutes deux à 24 distances de la terre.

En effet, la distance est le double de l'action ou force lumineuse, puisque cette force
est l'angle d'incidence, et la distance l'angle
de réflexion. Or, la lune étant à 1 dis-

tance de la terre et le soleil à 6 , la réflexion
de la lune, aidée de l'action du soleil doit se
reporter à la 7e distance . Mars se trouve donc
à 1 distance au-delà du soleil. Mars se réflé-
chirait alors de lui-même à la 14e distance de
la terre, c'est-à-dire à 10 distances de Pallas.
A ce point il rencontre la force lumineuse
de Jupiter, qui , ayant déjà parcouru 2 distances, est réduit à 5 degrés de force au lieu
de 6, et ne peut par conséquent aider Mars
à porter sa réflexion ou Cérès que 10 distances au-delà de celle où il s'éteint , c'est-
à-dire à la 24e distance.

Voilà donc le rapport de distance et d'action lumineuse du soleil et de la lune mathématiquement prouvé, tel que je l'ai établi
tout d'abord par induction. Il ne serait pas
difficile de donner une nouvelle preuve mathématique de leurs volumes respectifs, et
par le temps que la lune met à passer le diamètre du soleil, et par l'espace que Cérès et
Pallas laissent entre leurs orbites.

Ainsi s'évanouit cette incompréhensible
distance et cette énorme masse du soleil qu'on
avait été forcé d'imaginer pour faire concorder l'existence matérielle des corps pla-

nétaires avec les lois de l'attraction·et de la
force tangentielle qui se repoussent mutuellement. Et qu'on y fasse bien attention,
la distance du soleil et de la lune est irré-
vocablement fixée. Car, hors ce rapport de 6
à 1, il n'en existe pas où la réflexion doublée
des deux astres puisse arriver au même point.

Est-il besoin maintenant d'examiner que
l'aplatissement de Jupiter et de Saturne est
un effet d'optique : tout point éclairé vient
en avant, tout point obscurci se, renfonce :
or les deux extrémités de l'axe des pôles sont
masquées par la courbure que forme le méridien, tandis qu'à l'équateur, les deux extrémités de l'axe peuvent ressortir en avant sur
la tangente.

A l'égard des perturbations séculaires des
planètes, il est évident que si le périhélie de
l'orbe terrestre a un mouvement annuel direct de 36″ et que la diminution séculaire de
cet orbe à l'équateur est de 148″, sa réflexion
participera de cette variation, aussi bien que
la réflexion du soleil. Quant aux perturbations périodiques dans le mouvement des diverses réflexions de la terre, du soleil et de la
lune, elles sont dues à l'inclinaison des pôles,

et au ralentissement de cette inclinaison ou
de son redressement.

Ainsi les calculs mathématiques dont j'ap-
puie mon système ne sont pas moins con-
cluans que les théorêmes tirés de la physique.
Car les planètes rendues à leur vraie nature
prouvent la ligne aimantée ou miroir de réflexion. Cette ligne de séparation prouve la
gravité des deux pôles. La gravité des deux
pôles prouve leur balancement périodique.
Cette oscillation prouve l'impossibilité de la
rotation et de la révolution de la terre, et
par conséquent le cours circulaire et diurne
du soleil et de la lune sur le plan écliptique.

MÉMOIRE EXPLICATIF

DES

PHÉNOMÈNES

DE

L'AIGUILLE AIMANTÉE (1).

XI.

Les lois de la Mécanique sont contraires à toute force centrale de gravité, établissent la division de la gravité à la superficie des corps sphériques ou aux extrémités des axes, et frappent d'inadmissibilité la force projectile.

Je sais fort bien que la division de la gravité aux deux pôles est contraire aux lois

(1) Dans une réponse au rapport de M. Bouvard sur ma *Question de longitude*, je disais que M. Becquerel, un des commissaires nommés par l'Académie pour l'examen de ce dernier Mémoire, « avec cette atten- « tion curieuse que mérite toute théorie nouvelle,

4

de la gravitation : mais 1° ces lois sont ren-
versées par les preuves mathématiques don-

« avec ce doute qui caractérise le vrai Savant, dont
« la devise doit être la parole de Socrate : *Je sais que*
« *je ne sais rien* ; avec cette patience et cette condes-
« cendance de l'homme modeste, qui relève si haut
« sa supériorité aux yeux de l'adepte, a bien voulu tan-
« tôt abonder dans mon sens, afin de m'engager à
« mieux développer mes pensées, tantôt me déclarer
« franchement que l'Académie ne permettrait jamais
« l'examen d'un Mémoire qui tendait à établir l'oscil-
« lation des deux pôles, et la division de la gravité ou
» force centripète vers ces deux pôles, propositions
« repoussées par les lois de la gravitation qu'elle re-
« connaît inattaquables ; qu'ainsi, M. Becquerel, sans
« nier particulièrement que tous les phénomènes de
« l'aiguille aimantée concordent avec la division de la
« gravité des deux pôles et leur oscillation, s'est vu
« forcé, comme Académicien, de déclarer, après la lec-
« ture de M. Bouvard, que mon Mémoire reposant
« sur les mêmes bases, il n'y avait pas lieu à en faire
« de rapport. »

Je dois ajouter à ces expressions de profonde véné-
ration pour le savoir et les hautes qualités de M. Becquerel, que les développemens nombreux ajoutés à
mon Mémoire depuis sa présentation à l'Académie,
m'ont été suggérés par les observations qu'il m'a faites ;
par les discussions instructives dans lesquelles il a bien
voulu entrer avec moi, au moment même où je le dé-
rangeais des travaux les plus importans.

nées page 21 de mon Système du Monde,
que la distance du soleil et de la lune relativement à la terre est dans le rapport de 6
à 1, ce qui met le soleil à 1,500 lieues au
lieu de 34 millions, et réduit son volume à
la huitième partie de la terre ; 2° comment,
en Mécanique, peut-on oser soutenir que
les résultantes de deux forces qui se balancent
dans un globe, se trouvent au même point ?
que la force de gravitation ou d'attraction
qui porte la terre vers le soleil, est au milieu
de l'axe de l'équateur, et que la force tangentielle qui lui est égale et contraire est
au même point ? Si les résultantes des deux
forces contraires sont au même point, elles
y arrivent par le même chemin, donc il n'y
a qu'une force au lieu de deux ; donc votre
force centripète, comme vous l'appellerez,
de gravité, de pesanteur, est la même que
votre force tangentielle, ce qui ne peut être.

La Mécanique veut donc que la gravité
ou la pesanteur d'un globe, soit partagée
aux deux extrémités de son axe, pour que
ce globe ne puisse monter ni descendre ;
et elle veut que la force qui doit régler sa
gravitation ou le maintenir stable dans sa

position, ait sa résultante ou son centre d'action à l'équateur de ce globe.

J'emploie ici indifféremment les mots *gravité* ou *attraction*, puisque ce sont même chose ; mais il ne faut pas perdre de vue que la gravité marque plus particulièrement la relation de la partie au tout ou d'un petit corps à une grande masse, et que l'attraction indique la relation du tout à la partie, ou de la grande masse à l'égard du petit corps. Cette explication n'est pas inutile ; car dans les sciences une fausse dénomination a bien des inconvéniens. Par exemple, on est convenu, en Mécanique, d'appeler *centre des forces*, *centre de gravité*, le point où les forces sont en équilibre, le point où la pesanteur, la gravité devient nulle. Ce n'est pas la faute d'Euler, ce point il l'avait très-bien nommé *centre d'inertie*. Cette double dénomination, qui exprime une idée contraire, a perpétué et multiplié les erreurs. Suivant le besoin on a tour-à-tour rendu ce point, ou *centre de gravité* ou *centre d'inertie* : et *les forces centrales*, *les forces centripètes*, abstractions absurdes, sont venues créer un vrai dédale pour la science.

Il ne m'appartient pas de prononcer lequel
est le plus merveilleux ou du génie des Savans pour avoir trouvé de sûres méthódes
de repère dans un pareil chaos, ou de leur
distraction pour ne s'en être pas aperçus. Revenons aux résultats de ces aberrations.

Si l'on jette un cylindre parallèlement, le
centre de gravité de toute droite étant au
milieu, il devrait tomber parallèlement : car
un théorême de mécanique affirme que la résultante d'un système de forces parallèles
est parallèle à ces forces et égale à leur
somme. Or la gravité, la pesanteur est une
force : le cylindre

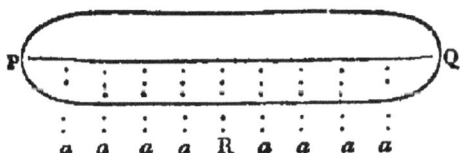

lancé parallèlement représente donc autant
de forces parallèles $a\,a\,a\,a$ qu'on voudra, qui
toutes ont la ligne R pour résultante. Eh
bien ! quoi qu'il en soit, le cylindre n'en
tombe pas moins par une de ses extrémités.

Tout cela tient à ce qu'on a confondu le
point inerte où aboutissent les efforts des

forces diverses, ce point unique, constant,
non pas *par où passe la résultante*, mais
d'où *elle part*, avec le centre des forces qui
est la résultante même. En effet, dans la figure ci-dessous

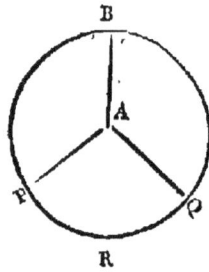

Les efforts se réunissent en *A*, mais non
la somme des forces; car les forces *B, P, Q*
décroissent en *A* où est leur minimum : le
centre de ces forces est donc le point *R ;* et
si l'on passe un cercle autour des points
B, P, Q, pour en faire un corps matériel,
A sera le centre d'inertie et *R* la gravité, en supposant toujours les forces réunies *P, Q* supérieures à *B ;* d'où il suit que
dans toute espèce de figure, la gravité ou
force est toujours à la superficie ou aux extrémités, et non dans le centre. Si la gravité
d'un corps était à son centre, une boule sus-

penduc par le point supérieur de la circonférence, ou retenue soit par le centre, soit
par le point inférieur, devrait occasioner un
égal effort au point de suspension, ce qui
n'est pas.

Soient aussi deux corps comme la lune et
la terre

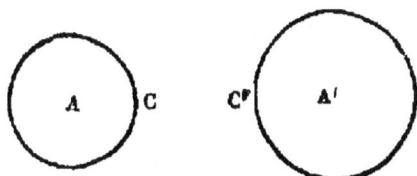

Si les forces de gravité ou d'attraction sont
en *A* et *A'*, la molécule *C'* est soumise à
l'attraction *A'* et ainsi de *A, C*. Cette molécule *C'* ne peut donc pas peser sur *C*, puisque toute sa force est absorbée par *A*, et
ainsi de *C'* par rapport à *C*; et quelle que
soit l'inégalité de proportion des deux
corps *A* et *A'*, ils sont sans action l'un sur
l'autre, puisque *A* ne peut attirer *A'* que
par le point *C'*, et que ce point pesant tout
entier sur *A'*, ne peut peser ou être attiré
en *A*. Si au contraire les forces de gravité
ou d'attraction sont en *C* et *C'*, toutes les

molécules des deux globes *A* et *A'*, prises particulièrement ou en masse, passant par *C* et *C'*, s'attirent régulièrement en raison des masses et des distances.

Ainsi, tout milieu est centre d'inertie; un point central étant toujours inerte, il ne peut donc pas y avoir de force centripète, mais seulement une force centrifuge, qui est la force de gravité. Or, cette force de gravité, en Statique est constamment divisée; en Dynamique, elle est réunie au point de la résultante. Dans d'autres termes, la gravité, en Statique peut se diviser dans toutes les puissances composantes; en Dynamique elle est la résultante même, ou les résultantes si le mouvement est composé.

La gravité partagée aux deux pôles non-seulement empêche tout mouvement des planètes du nord au sud, mais sert aussi de contrepoids, et règle la gravitation beaucoup mieux que la prétendue force projectile, qui n'existe pas, et dont l'invention n'est venue compliquer la Mécanique céleste, et entraver la marche de tous les astres, que pour faire briller les ressources de l'esprit humain.

En effet, que d'abstractions mathémati-

ques, que de génie mal employé n'a-t-il pas
fallu pour se tirer du désordre qu'on s'est
plu à introduire en voulant faire concorder
ensemble, unir et mener de front contre
cette troisième force contraire aux deux autres, deux forces déjà diamétralement oppo-
sées, deux forces marchant en sens inverse,
la force appelée *centripète* et la force de *gravitation*.

M. de la Place va trahir lui-même son em-
barras à cet égard.

« La propriété attractive des corps cé-
« lestes ne leur appartient pas seulement en
« masse, mais elle est propre à chacune de
« leurs molécules. Si le soleil n'agissait pas
« sur le centre de la terre, sans attirer cha-
« cune de ses parties, il en résulterait dans
« l'Océan des oscillations incomparablement
« plus grandes et très-différentes de celles
« qu'on y observe. La pesanteur de la terre
« vers le soleil, est donc le résultat des pe-
« santeurs de toutes ses molécules qui par
« conséquent attirent le soleil, en raison de
« leurs masses respectives. D'ailleurs *chaque
« corps sur la terre pèse vers le centre de
« cette planète* proportionnellement à sa

« masse; il réagit donc sur elle, et l'attire
« suivant le même rapport. Si cela n'était
« pas, et si une partie de la terre, *quelque*
« *petite qu'on la suppose,* n'attirait pas l'autre
« partie comme elle en est attirée, le centre
« de gravité de la terre serait mû dans l'es-
« pace en vertu de la pesanteur, ce qui est
« inadmissible. » (*Système du Monde,*
page 193.)

Pourquoi cela est-il inadmissible? parce
que la force de projection ayant été inven-
tée, il fallait bien lui trouver un emploi quelconque. Je montrerai tout à l'heure qu'il y
a un point de la terre qui est attiré par elle
sans pouvoir réagir ; et ce point, c'est le centre
même de la terre.

Mais d'abord, comment admettre que deux
forces contraires et égales entre elles, aient
leur résultante ou la somme de leur action
au même point, ou à un point opposé, sans
se frapper mutuellement d'inertie. Il faut,
pour qu'il y ait mouvement entre deux forces
égales, que l'une l'emporte alternativement
sur l'autre, et cela n'est possible qu'en par-
tageant l'une en deux résultantes oppo-
sées, et en rendant mobile l'autre force

qui les divise. La route du soleil sur l'équateur ne permet pas de supposer que l'action
solaire soit partagée ; donc c'est la gravité
terrestre qui est forcément divisée aux deux
pôles , et alors plus de force projectile. Nous
allons d'ailleurs apercevoir *cette petite partie de la terre qui n'attire pas l'autre partie
comme elle en est attirée*, parce que formant limite de deux attractions contraires ,
elle subit deux actions égales et contraires ,
et que par conséquent elle devient nulle et
incapable de réaction.

En effet, partant du grand principe de la
nature : « Que toutes les molécules de la ma-
« tière s'attirent mutuellement en raison des
« masses et réciproquement au carré des
« distances, » (de la Place, page 194), la
figure ci-dessous

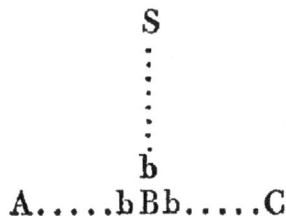

S
.
.
.
.
.
.
b
A.....bBb.....C

nous démontre qui si le point *B* est attiré
en *A* et *C* par une force réunie égale à 1,

et qu'il soit pareillement attiré en *S* par une autre force égale à 1, ce point unique *B* n'attirera ni *A*, ni *S*, ni *C*, parce qu'étant l'objet de deux actions égales, il sera frappé d'inertie. Il n'en sera pas de même de *bbb*, qui éprouvant chacun une action inégale des trois points *A*, *S*, *C*, pourront la leur reporter en raison de leur masse et de leur distance.

Maintenant si l'on conduit un arc de *A* à *C* par *S*

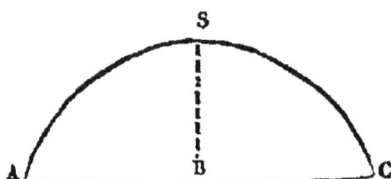

on voit d'une part, que la gravité loin d'être placée au centre d'un globe qui est le point nul, est toujours partagée à la circonférence, et que par conséquent la théorie d'augmentation de pesanteur par couches, de la superficie au centre, est complètement fausse. D'autre part, on reconnaîtra qu'aux deux points *A*, *C*, l'augmentation de pesanteur arrive par couches intérieures parallèles, partant du cercle de l'équateur, et que le maximum de pesanteur du point S étant le cercle de l'équateur dans la direction B, elle diminue progressivement en allant vers les pôles A, C. La résultante de l'attraction solaire, ou pour mieux dire puisqu'il est ici question de la terre, la résultante de l'attraction polaire (1), est donc à la zône écliptique atmosphérique ; et si les deux forces (2) de gravité de la terre, au lieu de se trouver à 23 degrés des pôles, l'un en dessus et l'autre en dessous, comme je le prouverai plus tard, étaient placées aux extrémités sur une ligne droite, notre globe circulerait autour de l'étoile polaire au lieu d'osciller.

Appliquant les démonstrations ci-dessus à la gravitation des planètes, nous allons nous convaincre que le soleil et la lune débarrassés de ce fardeau dont on les avait si inutilement surchargés, *la force projectile*, pourront circuler avec facilité et régularité autour de la terre.

(1) Voyez page 62.

(2) C'est pour éviter la fausse expression *centres*, que je dis *forces de gravité*. Le mot propre serait *pôles*, comme pour l'aimant, et je m'en servirai lorsqu'au même instant il ne sera pas question des pôles de la terre.

Soient, dans la figure ci-dessous,

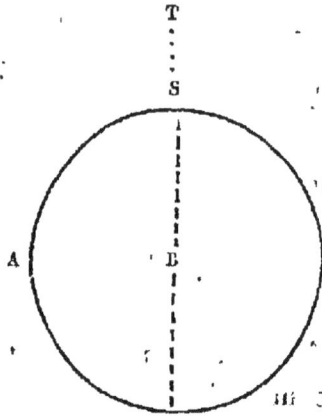

A, *C*, les deux gravités de la lune, et *S B s*
son équateur ou cercle principal d'attraction
terrestre, il est clair que l'hémisphère *A s C*
plus éloignée de la terre ou point *T* que
A S C, et par conséquent plus pesante que
cette dernière hémisphère, tombe et entraîne
le cercle *A S C* en *A B C* et *A s C*. Mais
alors *A s C* remonte en *A S C*, et le globe
est forcé de décrire une courbe autour du
point *T*, et de tourner sur lui-même. La résultante de la force attractive *T* est donc alternativement chacun des points de la circonférence *S B s*; ce qui confirme le principe
émis plus haut : que sur un corps en gravi-

tation la résultante de la force d'attraction sur l'équateur est nécessairement mobile.

Ainsi la pesanteur n'a pas besoin de la force tangentielle ou projectile pour tracer une courbe ; et l'on doit reconnaître, pour premières lois de la gravitation, suffisantes au maintien de l'équilibre et à la régularité du mouvement, *la division de la gravité aux pôles, et la position du contre-poids à l'équateur.*

XII.

Les Phénomènes de l'Aiguille aimantée dé-
montrent que la terre a deux forces de
gravité à ses pôles, au lieu d'une à son
équateur, et prouvent son mouvement
oscillatoire.

La ligne aimantée, ainsi que je l'ai fait
voir dans le paragraphe X, nous a donné
comme conséquence irrécusable la gravité
des deux pôles ; de même, la gravité des deux
pôles entraîne la conséquence de la ligne
aimantée. Toutes deux ainsi se prouvent l'une
par l'autre, mais surabondamment, puisque
nous allons voir que des phénomènes diffé-
rens les établissent toutes deux.

Si la terre est un gros aimant, comme l'a
pensé Halley, elle doit avoir deux forces de
gravité à ses pôles au lieu d'une à son équateur ; c'est un tout composé de deux parties
égales, indépendantes l'une de l'autre : l'aimant nous montre que cela est possible.
Le globe ainsi conformé ne peut descendre
du nord au sud, ni monter du sud au nord,
mais doit graviter à droite ou à gauche, dans

le sens de son équateur, selon qu'une force
étrangère agissant sur cet équateur, et supérieure aux deux forces de gravité, en réglera
la gravitation d'un côté ou de l'autre. Si la
force étrangère est absolument égale aux
deux forces de gravité réunies, il n'y a pas
de gravitation possible ; la terre reste éter-
nellement fixée dans le lieu où elle a été po-
sée. Pour qu'il y ait mouvement oscillatoire
ou de bascule, il faut que la force étrangère,
au lieu d'agir en totalité sur l'équateur, n'y
applique que le tiers de son action, et qu'elle
reverse les deux autres tiers d'une manière
alternativement inégale d'un côté et de l'autre
de cet équateur. Pour que l'oscillation soit
régulière et perpétuelle, il faut encore que les
deux forces de gravité, au lieu d'être placées
aux extrémités de l'axe, en soient éloignées
dans les mêmes proportions que les bras de
la balance de force étrangère se trouvent éloignés de l'équateur, et que l'une soit placée
en dessous et l'autre en dessus, afin de concorder avec l'alternative d'inégalité des bras,
ainsi qu'on le voit dans la figure ci-après.

Le globe terrestre a donc une relation
d'attraction qui balance ses deux forces de

5

gravité, qui le maintient dans sa position, et qui occasione son mouvement oscillatoire. Puisque nous reconnaissons à l'aimant la propriété de se diriger vers le nord, c'est au nord qu'il faut chercher cette relation ; et attendu qu'elle ne peut partir que d'un point fixe, cette relation d'attraction doit se trouver nécessairement dans l'étoile polaire.

L'aiguille aimantée est donc tout à la fois l'indicateur du nord ou, pour mieux dire, du centre du monde, et une échelle de gravité du globe ; échelle dont les variations dénotent qu'elles sont réglées par la distance périodiquement variable des pôles de la terre à l'axe du monde, et prouvent ainsi qu'il y a une force de gravité et un mouvement oscillatoire à chacun de ces pôles.

Halley a bien approché de la vérité en imaginant ses deux pôles mobiles du globe intérieur ou noyau, et ses deux pôles fixes du globe extérieur ou croute. S'il avait connu le mouvement oscillatoire de la terre, il aurait indubitablement aperçu qu'il y avait une force de gravité vers chacune des extrémités boréale et australe, qui étaient alors nécessairement les deux pôles fixes magnétiques du globe intérieur ou noyau, tandis qu'au contraire le globe extérieur ou croûte, donnait les deux pôles mobiles, dont la vertu ne dépend pas, ainsi que l'a cru Halley, de ce globe extérieur, mais de la seule force attractive de l'étoile polaire, force absolument égale à celle des deux gravités de la terre, et lui servant de contre-poids. Toutes les déviations de l'aiguille sont dues à la variation de l'opposition ou de la coïncidence de ces deux forces, variation dépendante du mouvement oscillatoire du globe pour les temps, et de la distance entre les deux forces pour les lieux.

Il est certain que si la gravité de la terre n'était pas divisée, on n'aurait trouvé que deux pôles magnétiques, et tous deux seraient aux deux points opposés de l'axe de l'équateur, puisque sans cela l'attraction de l'étoile polaire ne pourrait égaler la force de gravité de la terre sur l'aiguille aimantée ; mais en admettant quatre pôles magnétiques, il faut nécessairement que les deux fixes soient placés vers les extrémités septentrionale et méridionale de la terre ; et que les deux mobiles s'approchent de l'équateur dans la même proportion. En effet, les observations confirment que les deux pôles magnétiques mo-

5*

biles vont d'un milieu de tropique à l'autre
en sens oblique, et que les deux pôles fixes
vont dans l'autre sens oblique à 23 degrés
environ des pôles boréal et austral. Le mouvement oscillatoire du globe déterminait cette
position. La déclinaison de l'aiguille doit
donc varier continuellement, puisque le rapport des points de gravité ou pôles fixes avec
les pôles mobiles change à tout moment, à
cause de l'oscillation.

Soient, dans la figure ci-dessous, P, AN, AS
l'angle de la balance magnétique polaire de
contre-poids, et GN, GS, le méridien magnétique terrestre ou de gravité,

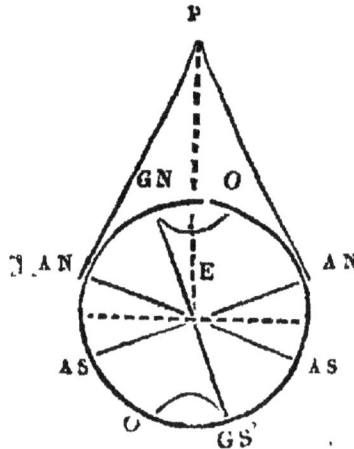

on voit que la moyenne des forces de l'angle

de contre-poids P, AN, AS, est la ligne P, E, et qu'elle est toujours supérieure à la force GN, puisque GN n'est que la moitié de la force P ou attraction polaire, et que P, E, en reste constamment le tiers, qu'AN redescende en AS d'un côté ou de l'autre par le mouvement oscillatoire de GN et de GS. Ce qui explique la direction constante de l'aiguille dans la ligne EP, direction très-légèrement variable suivant qu'on se rapprochera de GN ou d'AN. Remarquons aussi que tous les mouvemens de cette balance de contre-poids ont lieu dans la zône écliptique. La variation de la déclinaison a encore une autre cause que je vais expliquer.

Dans le paragraphe Ier, page 2, j'ai attribué au ciel supérieur ou aux astres qu'il enserre, un mouvement circulaire occasionant la précession des équinoxes. La terre a un mouvement insensible de rotation qui y est proportionnel : il est d'environ 9 minutes de degré par an, et change par conséquent d'une manière graduelle la ligne PE ou méridien magnétique de l'étoile polaire par rapport à notre globe. En 1666, Paris correspondait exactement à ce méridien. La

rotation complète de la terre devant s'effec-
tuer en 2400 ans environ, Paris ne reviendra
au même méridien magnétique polaire que
dans les années 2866 et 4066. En évaluant à 9
minutes le mouvement de rotation annuelle,
j'ai pris la moyenne de 1666 à 1822 ; mais
ce mouvement sera plus ou moins vif, selon
la position annuelle des deux points de gravité GN, GS ; plus leur grand cercle oblique
traversera de mers, plus la rotation sera vive,
puisque l'intensité de pesanteur se trouvera
partagée des deux côtés ; plus ce cercle traversera de terres, plus la rotation se ralen-
tira, puisque les masses légères se trouveront
aux deux côtés.

Nous avons vu que la direction de l'Aiguille
était l'effet de la supériorité de l'attraction
polaire sur la force de gravité qui se trouvait
partagée aux deux pôles : l'inclinaison donne
une autre preuve de cette division de la gravité. Comment en effet pourrait-on concevoir
que la pointe nord de l'Aiguille baissât graduellement de l'équateur au pôle arctique, et
la pointe sud au pôle antarctique, sans accorder à ces deux pôles la force de gravité
qu'a déjà établi leur mouvement oscillatoire?

L'accroissement général de l'intensité du magnétisme en allant de l'équateur aux pôles, prouve, ainsi que l'inclinaison de l'Aiguille, la gravité des deux pôles. Mais expliquons-nous bien sur le magnétisme ou action magnétique. Les expériences démontrent que cette action est l'effet du mouvement du fluide ou principe électrique répandu dans tous les corps, qui le perdent et le remplacent plus ou moins rapidement, selon qu'ils se trouvent plus ou moins exposés à l'action des courans. C'est ce que j'ai déjà dit, paragraphe II, pag. 6. M. Biot, dans son Traité de Physique, 3e vol., page 117, prouve de son côté l'action des aimans sur tous les corps naturels : l'action magnétique n'est donc que le fluide électrique en mouvement. Mais ce fluide obéit à deux lois ou forces : 1º à la force de l'étoile polaire, qui en est le grand réservoir et la source, et cette force je l'appelle plus particulièrement attraction, l'attraction polaire étant la force magnétique par excellence ; 2º aux deux forces de gravité terrestre, que j'appelle ainsi pour les distinguer de la première attraction, quoique ce soit le même principe.

Pour me conformer aux idées d'Halley, je

n'ai parlé d'abord que de quatre pôles magnétiques ; mais j'ai montré par la figure ci-dessus qu'il y en a six ; car il faut compter les
deux extrémités du méridien magnétique polaire commençant au point *E*, montant au
nord et redescendant à l'autre extrémité de
l'axe, ce sont même les deux pôles les plus
actifs, l'action polaire y étant toujours supérieure à la gravité terrestre. Ainsi les forces
magnétiques sur le globe sont distribuées en
six pôles ou centres d'action, dont deux *GN*,
GS, sur lesquels s'opère le mouvement oscillatoire, sont fixes en latitude, mais mobiles
en longitude par la rotation insensible de la
terre, et ne reviendront à leur même position,
en passant par le point *O*, qu'en 2400 ans
environ, dont deux autres, d'*E* en *E*, aux
deux bouts de l'axe, sont également fixes en
latitude, et mobiles en longitude à cause de la
rotation, et dont les deux derniers *AN*, *AS*,
ont une mobilité périodique de six mois en
latitude, et une mobilité annuelle insensible
en longitude par la rotation. Une fois que la
position de ces six pôles sera bien détermi-
née, il deviendra facile d'établir des tables
de déclinaison et d'inclinaison, sur la vue

seule des angles qu'ils forment entre eux ; et l'on reconnaîtra qu'en ayant égard aux mois, et aux années, qui changent les positions, et sauf quelques irrégularités occasionées par les hautes montagnes, toutes les observations concorderont.

La déclinaison à l'ouest ayant été de 22° 23′ en 1822 pour Paris, le principal méridien magnétique polaire était à cette époque à 22° 23′ de longitude occidentale. Mais quoique la déclinaison se soit arrêtée, la terre n'en a pas moins continué avec le ciel sa rotation vers l'orient, dans la même proportion établie de 9′ de degré par an. Ainsi, et je le démontrerai tout à l'heure, le méridien polaire, au lieu d'être maintenant à 22° 25′ à l'ouest de Paris, en est à plus de 24 degrés ; pour n'y pas revenir dans deux ou trois ans, je le place de suite à 25 degrés.

Le cercle principal sans déclinaison prend donc, selon moi, à 25 deg. de longitude occidentale au-dessus de San-Yago, îles du cap Verd, traverse l'Islande, le Groenland, redescend par le Kamschatka et les Sept-Iles, à 155 deg. de longitude orientale sur l'équateur.

Conséquemment, 1° le second méridien magnétique polaire, ou cercle sans déclinai-

son formée par les deux pôles mobiles en latitude, partant à 23 degrés et demi au-dessus
ou au-dessous de l'équateur alternativement,
prend tantôt au 115e degré, île Marguerite,
en passant par le pôle arctique, l'ouest des
Laquedives, les îles Roquepitz, Rodrigue,
jusqu'au tropique, et tantôt du cap Malan,
golfe d'Arabie, en passant par le pôle arctique, la Californie, l'île Santa-Rosa jusqu'au
tropique (1). 2° Les deux pôles de gravité terrestre GN, GS, se trouvent au Groënland et
dans la mer glaciale Antarctique au-dessous des
îles Maquarie. 3° L'équateur magnétique coupe l'équateur terrestre obliquement et alternativement suivant les saisons, en partant tantôt
de l'île de la Passion par l'île Roquepitz, et
tantôt de l'ouest des Laquedives par l'île Ga-
lego; ce qui donne raison des inflexions et
irrégularités observées pour cette ligne.

(1) Mais s'il n'y avait que quatre méridiens magnétiques polaires à 90° l'un de l'autre, la déclinaison de
l'aiguille aimantée ne devrait s'arrêter et changer qu'à
45° au bout de 300 ans, en admettant 2,400 pour la rotation complète. Puisque la déclinaison s'arrête à 22° ½,
au bout de 150 ans, il faut qu'il y ait quatre autres
pôles magnétiques, mobiles en latitude et longitude
comme les deux principaux AN, AS, et que tous quatre
soient placés à 45° d'AN et d'AS, de chaque côté.

XIII.

La Terre, la Lune et le Soleil, dans les proportions fixées de diamètre et de distance, et doués des divers mouvemens qui leur sont attribués, le Soleil avec une vitesse double de celle de la Lune, donnent, conformément aux observations, le lever et le coucher diurne des astres lumineux et leur intersection périodique. Le rapport de distance des trois globes se prouve donc surabondamment par sa concordance parfaite avec le nombre d'or.

J'ai prouvé la distance du soleil à la terre, en établissant que le diamètre de cet astre est à son minimum au solstice d'été, ce dont les Coperniciens sont d'accord. Il me reste à montrer que le solstice d'été est le véritable périgée du soleil pour l'Europe : c'est ce que va faire la figure ci-après.

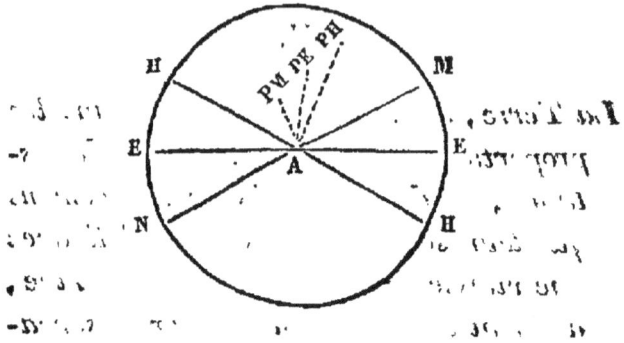

La ligne *HAH* marque tout à la fois et le cercle écliptique où route du soleil, et l'équateur de la terre au solstice d'hiver. Par l'oscillation des pôles, l'équateur se place dans la ligne *EAE* aux deux équinoxes, et dans *NAM* au solstice d'été. *PH* figure la position de Paris au solstice d'hiver, et puisque sa latitude est de 48 degrés, et la distance du soleil à l'équateur terrestre de 60 degrés, nous pouvons dire que Paris est à 100 degrés de cet astre lorsqu'il passe à son méridien. A l'équinoxe, au moyen de l'inclinaison du pôle, Paris est descendu au point *PE*, et s'est par conséquent rapproché du cercle écliptique, qui garde toujours la ligne *HAH* dans tous les mouvemens du globe. L'inclinaison du pôle continuant, Paris se rapproche de

l'écliptique *H A H*, et vient au solstice d'été
se placer au point *P M.*

D'où l'on voit 1° qu'au solstice d'hiver Paris, dans les heures où il est le plus rapproché du soleil, en est encore à 100 degrés environ ; 2° qu'aux équinoxes, Paris n'en est
éloigné que de 72 degrés ; 3° qu'au solstice
d'été il ne s'en trouve distant que de 64 degrés.

Donc le véritable périgée du soleil pour
Paris est le solstice d'été, et son apogée est
le solstice d'hiver.

J'ai maintenant à réfuter la seule objection
que l'Académie des Sciences ait pu trouver
contre mon Système. Dans la séance du 24 décembre 1832, M. Bouvard, nommé commis-
saire pour l'examen du premier Mémoire, se
contentant d'en citer plusieurs passages iso-
lés, ne s'est arrêté qu'au rapport de distance
mathématiquement établi entre le soleil, la
lune et la terre.

D'abord ma preuve géométrique est juste,
puisqu'elle n'est pas attaquée au fond. Et ceci
est bien essentiel à remarquer. Car, quand bien

même l'objection indirecte serait fondée, il y aurait encore question entre deux preuves mathématiques contraires. Mais les Coperniciens ne peuvent m'opposer aucune autre objection, tandis que moi je leur en fais dix pour une, auxquelles ils ne peuvent répondre.

Monsieur le rapporteur prétend que s'il était vrai, comme je l'ai avancé, que la lune fût à 232 lieues, elle devrait paraître quatorze fois plus petite au zénith qu'à l'horizon, et le soleil quatre fois plus petit. Cette proposition est établie sur les proportions de distance des deux astres lumineux avec le diamètre de la terre.

Remarquons maintenant, 1º que la couche atmosphérique qui enveloppe notre globe donne à tout l'espace au-delà la propriété du verre; 2º que la sphéricité de cette couche taille cet espace en verre concave ou convexe, suivant la position de la planète que nous inspectons : or, lorsque la lune est à l'horizon, nous l'apercevons à travers une couche atmosphérique concave, c'est-à-dire un verre concave ou biconcave; et nous la voyons alors telle qu'elle doit nous apparaître relativement à sa distance réelle. Mais au zénith, elle plonge perpendiculairement dans l'atmosphère, et notre œil traverse un verre convexe ou une lentille pour arriver jusqu'à elle. Or du zénith à l'horizon, la convexité et l'épaisseur de la lentille se balançant avec la distance, son diamètre doit toujours rester le même.

Dans une note page 18, j'ai déjà fait entrevoir que nous ne sommes pas les premiers inventeurs des télescopes. Je suis charmé que M. Bouvard m'ait donné occasion d'y revenir, et de mettre ainsi sur la voie de quelques phénomènes d'optique dans les parages célestes.

Revenons aux distances précédemment établies. C'est par approximation superficielle, et à la simple vue de ma figure de géométrie, que j'avais placé la lune à 232 lieues, le soleil à 1400. Mais tout annonce que la distance du soleil doit être *précisément du demi-diamètre de la terre ;* elle serait donc de 1433, si l'on ne s'est pas trompé dans la mesure de notre globe. Quant à moi, je suis porté à croire le contraire, et je fixerai sa

circonférence à 9,000 lieues (1), y compris
la zône atmosphérique. L'orbite du soleil sera
donc de 18,000 lieues, et celui de la lune dé
10,500. Car je ne tiens pas à une centaine dé
lieues de distance, et je fais cette concession
aux personnes timorées qui ne dormiraient
pas tranquilles ayant le soleil dans un voi-
sinage de 1,400 lieues. Je soutiens seulement que la distance précise du soleil est juste
du demi-diamètre de la terre ; et la circonférence de ce globe, telle que je l'établis,
concordera beaucoup mieux avec tous les calculs et observations astronomiques.

Examinons maintenant ma première proposition : *le demi-diamètre de la terre, distance exacte du soleil.*

L'orbite de la lune étant de 10,500 lieues,
et celui du soleil de 18,000, il suffit de donner au soleil une vitesse double de celle de la
lune, pour que celle-ci se trouve en retard
d'un 12e de l'orbe solaire, d'une conjonction

(1) Je passe à la circonférence sans parler du diamètre, ne voulant pas partir d'une base fausse, c'est-
à-dire du rapport de 1 à 3. La circonférence étant
9,000, le rapport de 365 à 120 donnera, selon moi, le
vrai diamètre de la terre, ainsi que je l'ai dit page 15.

à l'autre, ce qui est déjà conforme aux observations ; mais ces rapports d'orbite, et de
mouvement sont bien autrement prouvés par
le nombre d'or ou la belle période qui ra-
mène les éclipses tous les 18 ans.

En effet prenant pour les deux orbites un
diviseur commun, figure de l'espace parcouru,
on voit que la lune n'ayant que moitié de vitesse du soleil, mettra 425 jours 4/5 pour le
même espace que le soleil parcourt en 365
jours. Or, si l'on multiplie 425 4/5 par 18
ans, on aura 7,666, produit exact de 365 jours
par 21. Donc 21 orbites lunaires égalent
18 orbites solaires, à cause de la vitesse double du soleil, et par conséquent leurs conjonctions ou oppositions dans un point donné,
doivent se retrouver à ce même point tous les
18 ans. Cela se confirme encore en multi-
pliant 365 par 18, ce qui donne 6,570, dont
la différence avec 7,665 est 1,075, produit
de 365 par 3.

Mais le nombre d'or est de 18 ans 10 jours
et même 14 jours et demi en comptant les bis-
sextiles, tandis que je tombe parfaitement
juste à dix-huit révolutions de 365 jours.
Cela tient au surcroît du jour astronomique

6

sur le jour civil, dont je vais donner la raison.

Chaque révolution du soleil pour arriver au même point de son orbe, est bien de vingt-quatre heures : ce qui en diffère ne doit pas s'attribuer à une inégalité de sa marche ou à un mouvement disproportionné à cet orbe, mais :

1° A la rotation insensible de la terre, dont j'ai parlé page 67, et qui est d'environ 9 minutes de degré par an ; et cette rotation qui doit se ralentir au solstice d'hiver, c'est-à-dire quand l'équateur concorde avec l'écliptique, est une des causes du plus long intervalle de l'équinoxe du printemps à l'équinoxe d'automne, que de celui d'automne au printemps.

2° A l'oscillation des pôles qui, dans leur rétrogradation annuelle, parcourent 94 degrés, espace un peu supérieur au quart de jour dont le soleil paraît se trouver annuellement en avance, et dont la différence est compensée par la rotation insensible dont il est parlé ci-dessus, rotation qui se faisant en sens inverse de la révolution du soleil, avance graduellement à sa rencontre le point qu'il n'aurait atteint qu'un peu plus tard.

Si la terre n'avait ni rotation insensible,
ni oscillation de ses pôles, le jour serait donc
exactement de 24 heures, l'année de 365 jours
et le nombre d'or de 18 ans. C'est à la rotation
insensible et à l'oscillation de la terre, qu'il
faut attribuer la différence de température re-
marquée aux mêmes latitudes, et le changement climatérique qui arrive progressivement
à une latitude quelconque. Car d'une part, à
même latitude le point qui se trouve sur le
méridien oscillatoire austral, s'approche du
soleil dans l'inclinaison du pôle, plus que
le point qui se trouve sur le méridien oscillatoire boréal; et d'autre part, la rotation
insensible avançant peu à peu le premier point
vers le méridien boréal, et le second vers le
méridien austral, ils doivent finir par changer de température. Aussi a-t-on observé qu'à
Paris, qui s'éloigne du méridien austral,
l'automne devient plus beau, et le printemps
plus laid, plus froid qu'il n'était jadis. Voyez
la position de Paris sur ma sphère, il vous
sera démontré qu'il en doit être ainsi.

Comme aux deux solstices il y a véritablement repos des pôles, on devrait à la dénomination de *solstice* substituer celle de *pôlstice*.

6*

XIV.

SPHÈRE-PENDULE

ET

PETITE SPHÈRE.

Les véritables proportions de diamètre et de distance du soleil, de la lune et de la terre, sont conservées dans la sphère-pendule. Ainsi avec une vitesse double de celle de la lune, le soleil parcourt une orbite dont le diamètre est le double du diamètre du globe terrestre, tandis que l'astre des nuits met un douzième de temps de plus à parcourir le sien, qui surpasse d'un douzième le diamètre du globe. Le soleil fait la huitième partie de la terre, la lune la sixième partie du soleil ou la quarante-huitième partie de la terre. Le demi-diamètre du globe est la mesure exacte de sa distance au centre du soleil, tandis que la distance entre le centre de la lune et le globe n'est que le sixième de ce demi-diamètre.

L'oscillation des pôles est aussi dans le rapport de 47 degrés. L'aiguille du pôle parcourt donc, du solstice d'été au solstice d'hiver, un arc correspondant à 47 degrés pendant 182 ½ révolutions solaires autour du globe, et 167 révolutions lunaires. L'écliptique ou l'orbite des deux astres est sur le plan de l'horizon rationel. Lorsque l'équateur de la terre est sur ce même plan, nous sommes au solstice d'hiver. Lorsque le mouvement des pôles a placé l'équateur à 23 degrés ½ au-dessus et au-dessous, nous sommes à l'équinoxe. Si l'équateur forme un angle de 47 degrés avec ce plan, nous avons le solstice d'été. Ainsi l'aiguille du pôle marque progressivement dans quel mois et quel jour on se trouve, et la position des deux planètes concordant une fois avec ce jour, il suffit de les faire marcher proportionellement à leur vitesse, pour avoir par jour la distance entre le soleil et la lune à leur lever et leur coucher. C'est ce qu'exécute la SPHÈRE-PENDULE, qui donne en outre à tout moment l'heure de ce lever et de ce coucher pour chaque point du globe, au moyen de la division en 24 heures, 1,440 minutes et 365 degrés, indiquée sur la bande équinoxiale du globe terrestre, Pl. *fig.* 2, *E*, comme sur les deux bandes pôlsticiales *F* et *G*.

Orbite de Mercure

L'orbite de Mercure oscille avec les pôles, et paraît ainsi s'écarter et se rapprocher du soleil, dont la distance a fixé la place de cette fausse planète à 90 degrés au-dessus du plan écliptique, et à dix-huit degrés en avant de l'orbe du soleil, somme des diamètres de la vraie et de la fausse planète. Le surplus des écarts de Mercure n'est qu'une apparence, et tient, comme il est dit ci-dessus, à l'oscillation du pôle qui rapproche ou éloigne de son orbite notre position variable. Mais cette orbite reste toujours à 18 degrés en avant de l'orbe solaire, et, par conséquent, à 42 de l'équateur. Je n'ai figuré que le Mercure arctique, c'est-à-dire la planète qui paraît avec l'aurore (1). On peut aisément se représenter la réflexion antarctique qui donne la planète du soir.

Orbite de Vénus

La révolution de Vénus est plus simple, et son orbe se conçoit bien facilement, puis-

(1) Voyez Pl. fig. 2, *B*; pour Vénus, *C*, et pour Mars, *D*.

qu'il suit la marche régulière de la lune qui
projetant sa lumière sur le milieu du miroir
de réflexion entre elle et la terre, y trace son
réflecteur devant elle à 17 degrés $\frac{1}{2}$, 24ᵉ partie de son orbite. Cette réflexion est donc
nécessairement renvoyée à 5 degrés au-delà
de l'orbite de l'astre des nuits et à 17 degrés
$\frac{1}{2}$ au-dessus.

Orbite de Mars

Seconde réflexion de la Lune.

L'hémisphère de la lune du côté de la terre
a formé une première réflexion qui précède
sa marche : l'hémisphère du côté de l'orbe
solaire en trace une seconde qu'elle traîne
après soi. De ce côté le réflecteur est toujours
à 17 degrés et demi, mais en arrière à 30 degrés de l'orbite lunaire et 20 du soleil. La
réflexion se reporte donc à 10 degrés au-
delà de cet astre. Comme Vénus, Mars ne
s'écarte de l'écliptique que du diamètre de la
lune, tandis que Mercure s'en écarte de la
moitié du diamètre du soleil. L'écartement et
le rapprochement progressif du soleil et de la
lune, produits par leur marche journalière
et leur différence d'orbite, que ne rétablit pas
tout-à-fait la vitesse double du soleil, rend

compte des écarts progressifs de Vénus et de Mars par rapport au soleil.

La distance des autres fausses planètes n'a pas permis de figurer leur orbe ; l'essentiel était de prouver le principe. *Ab uno disce omnes*. Dans les deux sphères, l'orbite de Vénus, comme celui de Mercure et Mars, est en proportion exacte avec le globe terrestre, ainsi que la distance du soleil et de la lune : toutes les proportions sont conservées autant que possible.

Le Ciel avec ses astres nombreux, sur un plan parallèle à l'horizon rationel ou ligne écliptique de ma sphère, se trouve figuré *tel qu'il est réellement*, Pl. *fig.* 3; car il ne forme pas calotte descendante de tous côtés, comme on se l'imagine. Quant à la hauteur des étoiles au-dessus de nos têtes, en la réduisant dans le rapport de rapprochement que j'ai établi pour le soleil, on avoisinera la vérité de quelque peu, et l'on ne tardera pas, je crois, à reconnaître que la distance de l'étoile polaire au point supérieur du globe terrestre, est exactement le diamètre de la terre. Au surplus, j'en vais donner une preuve.

Les étoiles ont une lumière propre, mais cette lumière serait trop faible pour être aper-

çue de la terre, si elle n'était pas développée
et conséquemment augmentée par l'action
lumineuse du soleil et de l'axe terrestre. Cette
action ou force lumineuse, ils ne peuvent
non plus la porter à toute distance. La mesure de la force solaire par rapport aux étoiles
est de 90 degrés, qu'il faut doubler à cause
de la réaction des étoiles, ci. . . . 180 deg.

De même la mesure de la force
de l'axe terrestre par rapport aux
étoiles est de 120 degrés, à doubler
également pour la réaction, ci. . 240
                          Total . . . . 420 deg.

Une étoile ne peut donc être visible que
par la moyenne de ces deux forces, c'est-
à-dire lorsqu'elle se trouve à une distance
moyenne du soleil et de l'axe terrestre, combinée de manière à ne pas excéder 420 deg.

Comme le minimum de distance des étoiles
au soleil est de 180 degrés, on peut voir *sur
le plan du ciel visible et de l'écliptique,
figure* 1re, 1° que la combinaison ne pourrait avoir lieu sur ses bases mêmes, puisqu'il
n'y a aucun point à distance de 240 degrés
de l'axe terrestre, qui ne soit alors à 210 degrés du soleil ou de l'écliptique, ce qui ferait
450 degrés ; mais qu'elle peut s'établir ou par

le rapprochement de l'axe aux étoiles, ou par un éloignement qui ne passe pas 225 degrés, puisqu'alors il y a distance au soleil de 195 degrés, ce qui fait les 420; 2° que l'étoile polaire, qui même au pôlstice d'été n'est distante de l'axe AE que de 195 degrés, a une superfétation de lumière de 37 degrés et demi, moitié de 75, qui la rendrait visible quand même le soleil en serait éloigné de plus de 225 degrés, et qu'il en est ainsi de toutes les étoiles comprises dans le cercle d'apparition perpétuelle perpendiculaire à la zône de l'équateur terrestre; 3° que l'oscillation du pôle avance l'axe terrestre AE de 45 degrés vers le sud, et qu'ainsi son action qui, au nord, ne passe pas 165 degrés à partir de l'axe du monde, est portée dans le ciel austral à 210 degrés, point qui se trouve également à 210 degrés de l'écliptique et de l'axe terrestre AE, mais qui ne doit pas être visible au pôlstice d'hiver, puisqu'il se trouve à 240 degrés de l'axe AH et à 210 de l'écliptique.

Il est donc bien constant que le ciel est à 180° de l'écliptique; que le rapport des forces lumineuses des étoiles, de l'axe terrestre et du soleil, est tel que je l'ai établi; que les limites du ciel boréal *visible* sont à 165 degrés, tandis

que celles du ciel austral *visible* sont à 210;
que l'inclinaison de 47 degrés du pôle est la
seule cause des 45 d. dont le ciel austral surpasse en étendue apparente le ciel boréal : ce
qui prouve l'oscillation de la terre, et que le ciel
est sur un plan droit parallèle à l'écliptique.

La cause de disparition ou d'apparition des
astres, tenant à la combinaison d'actions lumineuses établie ci-dessus, les étoiles comprises entre le cercle équatorial ou d'apparition perpétuelle, et les limites du ciel visible,
devront naturellement disparaître à l'occident
et reparaître à l'orient au fur et à mesure de
la marche du soleil : celles coupées par le
cercle céleste qui divise l'équateur et l'orbe
solaire, s'effaceront lorsque la marche du soleil l'en aura éloigné de 90 degrés de son orbe,
et trois heures suffiront pour faire disparaître
les astres perpendiculaires à cet orbe (1).

Le ciel de mes petites sphères n'a pas, à
beaucoup près, l'exactitude désirable. Il m'a
fallu, sans rien changer à la partie boréale,

(1) Ceci explique le mouvement diurne apparent des
étoiles ; leur mouvement annuel est l'effet de l'inclinaison et du redressement du pôle qui fait changer de position les méridiens. Pour le reconnaître, il suffit de
faire opérer cette inclinaison sur ma sphère.

reculer de 3o degrés le demi-cercle austral
des plans célestes, qui tous contiennent ce
resserrement fautif qu'on ne pouvait éviter,
l'oscillation de la terre n'étant pas admise.
Quant à l'incorrection de mon ciel, j'avoue
que je ne connaissais pas celui de M. Dien,
dressé sous l'inspection de M. Bouvard (1).
Je profiterai de ce beau travail pour la carte
uranographique de mon grand globe. On peut
facilement, avec ce secours, en dresser une
bonne et bien utile pour la marine, en régu-
larisant, d'après mes bases, le cercle céleste
solaire et le cercle équatorial ou d'apparition
perpétuelle, en traçant un cercle mi-solaire,
un cercle lunaire, et en établissant des cercles
de l'équateur au pôle, non pas de degré en
degré, mais au moins à 15, 23 et demi, 36, et
48 degrés ou latitude de Paris. Que de moyens
alors pour assigner la relation perpendiculaire de chaque point de la terre au ciel, si
l'on veut, ainsi que je l'ai proposé page xij,
et que je l'ai marqué sur mon globe d'après

(1) Le ciel représenté en deux hémisphères nord et
sud projetés sur l'équateur, par Ch. Dien, auteur de
l'uranographie et des globes célestes dressés sous l'inspection de M. Bouvard, astronome, membre de l'Insti-
tut de France, du bureau des longitudes, etc.

la rectification donnée par le méridien magnétique polaire page 69, adopter pour méridien astronomique le cercle coupant les
deux pôlstices, et diviser l'équateur en 365
degrés de longitude! Que de moyens de connaître sa position en mer, avec des tables du
lever et du coucher du soleil et de la lune,
faites pour ce méridien!

Les cadrans posés sur le cercle équinoxial
du globe, et sur les deux cercles pôlsticials,
sont divisés en heures, minutes et 365 degrés
de longitude, et j'ai dû placer le point midi
au méridien pôlsticial nord (1), puisque j'ai
compté les degrés de longitude à partir de
ce méridien, qui marque ainsi l'heure du ciel.
Mais une aiguille fixée au point Paris, et qui
se dirige sur le cadran (*fig.* 2, *H*) que fait
tourner le soleil, indique suffisamment le
temps pour les habitans de cette ville. On peut
fixer pareille aiguille sur les principales villes
d'Europe, et y faire correspondre dans la pen-
dule l'heure de midi, comme j'ai fait pour
Paris dans les sphères-pendules non destinées
à la marine.

(1) Côté du *Sagittaire ;* le sud, côté des *Gémeaux.*
Voir le Ciel et le plan du Ciel *visible.*

XV.

*Solution des questions de longitude par la
Sphère-pendule ou Montre marine.*

La sphère-pendule, comme on peut s'en
convaincre par une simple inspection, indique jour par jour, minute par minute,

1º La distance exacte entre le soleil et la
lune ;

il 2º La distance exacte de ces deux astres à
chaque point de la terre ;

3º La distance de chaque point du globe
à toutes les étoiles ;

4º La distance de chaque étoile et des trois
fausses planètes, Mercure, Vénus et Mars,
au soleil et à la lune.

Les sphères montre-marines, quand j'au-
rai pu les surmonter d'une bonne carte céleste d'après les bases énoncées plus haut,
auront donc l'avantage inappréciable d'indi-
quer sur mer, en l'absence du soleil et de la
lune, le point où l'on se trouvera, à la simple
vue de l'étoile qui y sera perpendiculaire.

Dès à présent, par la marche régulière du

soleil et de la lune sur un même plan, il suf-
fira du moindre calcul pour relever la longitude avec la plus grande précision. Car 1° si
midi est l'heure vraie du point où je suis, et
que ma montre-marine marque huit heures
du matin, il est clair que je me trouve à 60
degrés du méridien astronomique, puisque
l'intervalle de temps est 240 minutes, et que
chaque minute équivant à un quart de degré.
Cela est parfaitement vrai pour les cercles qui
viennent concorder successivement avec l'é-
cliptique, comme l'équateur au pôlstice d'hiver, parce qu'alors les heures sont égales entre
elles ; mais par l'oscillation, les heures relativement au globe, s'allongent et se raccour-
cissent suivant que le cercle où l'on se trouve
forme angle avec l'écliptique. Il faut donc,
pour avoir la longitude précise, prendre la
distance entre l'heure vraie et l'heure de la
montre-marine, et si cette distance est de 240
minutes, voir à quel point du globe correspond
la 240ᵉ minute, à partir du méridien astronomique. Ce point est la longitude exacte. 2° Si
la lune se lève à minuit au point où je suis, et
qu'elle doive ce jour-là se lever à 8 heures du
soir au méridien astronomique, il est certain,

attendu que l'espace parcouru par la lune dans son orbite, répond pour chaque minute à 13′ 15″ de degré de l'orbite solaire, que je me trouve à 55 deg. du méridien astronomique, ou au point correspondant ce jour-là à la 220ᵉ minute, à partir du méridien astronomique.

Sans doute en attendant que des tables lunaires et solaires soient faites pour le méridien astronomique, on peut se servir de celles de tout autre méridien, en plaçant le point midi du cadran sur ce méridien. Mais alors les calculs entre l'heure vraie et l'heure du méridien, ne seront ni aussi simples ni aussi exacts; car il faudra faire entrer en compte l'oscillation du globe, ce dont on n'a pas besoin quand le méridien et l'heure partent de la ligne oscillatoire; et ce n'est pas là une des moindres difficultés à vaincre pour la solution du problème.

Plan du Ciel visible et de l'Écliptique.

(Échelle à 5 Degrés pour ligne.)

Nord.   225   180   135   120   135   180   240   Sud.

Distance du Soleil aux limites du Ciel boréal.

Distance du Ciel au Soleil.

Distance du Cercle polaire au limites boréales à l'Axe.

Distance du Cercle d'apparition perpétuelle.

Distance du Cercle au Pôle à l'axe d'hiver.

Distance d'opposition perpétuelle du point opposé du Soleil.

Distance de la Polaire.

Distance du cercle d'app. perpétuelle à l'écliptique au point opposé du Soleil.

Distance des limites australes.

Distance des limites australes à l'écliptique.

AB.

AE.

Écliptique   Équateur   Écliptique

165 Degrés des limites boréales visibles à l'axe. ━━ De l'axe aux limites australes 210 Degrés.

www.ingramcontent.com/pod-product-compliance
Lightning Source LLC
Chambersburg PA
CBHW071513200326
41519CB00019B/5928